AF385728

Bestimmungsbuch
für deutsche
Land- und Süßwassertiere

Mollusken und Wirbeltiere

von

Ludwig Döderlein
Professor an der Universität München

mit 118 Abbildungen

Verlag von R. Oldenbourg · München und Berlin 1931

Vorwort.

An größeren und kleineren Schriften über die einheimische Tierwelt und ihre Arten mit mehr oder weniger ausführlicheren Beschreibungen und oft mit zahlreichen Abbildungen ist kein Mangel. Wer sich spezieller für die bei uns vorkommenden Arten einer bestimmten Tiergruppe interessiert, dem stehen eine Anzahl z. T. vortrefflicher, freilich auch manchmal kostspieliger Werke zur Verfügung. Aber es fehlt heute noch an einem handlichen kleineren Bestimmungsbuch für die verschiedenen Tiergruppen, das sich vor allem auch zur Mitnahme auf Exkursionen eignet, und das auch in der Hand eines weniger Geübten nicht versagen darf, wenn er versucht, danach die Namen der auffallendsten und häufigsten der uns umgebenden Tierformen festzustellen. Der Mangel einer wirklich brauchbaren »Exkursionsfauna« nach Art der zahlreich vorhandenen »Exkursionsfloren« wird allgemein beklagt.

Die Verwendung der bei Exkursionen mitgenommenen Bestimmungsbücher führt vor allem bei den Insekten gewöhnlich zu keinem befriedigenden Resultat. Die Schwierigkeit, ja Unmöglichkeit, danach selbst nur die auffallendsten und stattlichsten unserer Schmetterlinge, Käfer, Wanzen, Wespen oder Hummeln einigermaßen sicher zu bestimmen, ist ja bekannt. Die darin enthaltenen Bestimmungstabellen kommen dem Verständnis und dem Bedürfnis der großen Menge der Benutzer nicht genügend entgegen. Sie sind gewöhnlich von Spezialisten für Spezialisten zusammengestellt. Wer solche Formen bestimmen will, muß zu Hause nach Spezialwerken greifen, die wenigen zugänglich sind.

Das ist bei den Insekten die Regel, ist aber vielfach selbst bei Wirbeltieren der Fall. Schon die Zumutung, beim Bestimmen unserer gemeinsten Flußfische unter Zerstörung des Kopfes ihre Schlundzähne, bei Wassermolchen ihre Gaumenzähne, bei Schlangen das Vorhandensein oder Nichtvorhandensein von Giftzähnen in erster Linie feststellen zu müssen, schreckt ab.

Diese Schwierigkeiten, auf die jeder, selbst bei vielen unserer häufigsten Arten, stößt beim Versuch ihre Namen festzustellen, kühlen rasch das ursprünglich meist vorhandene Interesse für unsere Tierwelt ganz erheblich ab, während das für die Pflanzenwelt angesichts der bequemen Bestimmungsbücher stark angeregt wird. Denn wer sich für ein Ding interessieren will oder soll, möchte doch auch seinen Namen kennen lernen. Man kann aber oft hören, es ist ein Vergnügen Pflanzen zu bestimmen, aber eine Qual Tiere zu bestimmen.

Die hier vorliegenden Tabellen sollen nun jedem, der daran Freude hat, nicht nur dem zünftigen Naturwissenschaftler, die Möglichkeit geben, wenigstens bei den größeren oder sonst auffallenderen Tierformen unserer Heimat ohne fremde Hilfe oder längere Vorstudien die Arten zu unterscheiden und ihre Namen selbst zu finden. Zur Unterscheidung der Arten sind nur äußerliche und deutlich erkennbare Merkmale gewählt, wenn sie auch manchmal nur bei sorgfältiger Betrachtung oder wie bei vielen Insekten nur mit einer guten Lupe, wie sie auch beim Bestimmen von Pflanzen nötig ist, sicher festzustellen sind. Es sind nach Möglichkeit auch alle Ausdrücke vermieden, die nicht ohne weiteres verständlich sind; oder sie sind an geeigneter, schnell auffindbarer Stelle mit wenigen Worten oder einer einfachen Abbildung verständlich gemacht.

Viele dieser Tabellen haben sich schon seit einer langen Reihe von Jahren bei den von mir geleiteten Bestimmungsübungen für Studierende der Naturwissenschaft, wobei andere Bestimmungsbücher oft genug ganz versagten, praktisch sehr bewährt. Die Abschnitte über Insekten und Mollusken sind besonders auch zur Verwendung auf zoologischen Exkursionen berechnet. Trotz mancher Lücken und Mängel dürften sie auch für Lehrer an Volksschulen und Mittelschulen willkommen sein, auch für Forstmänner und andere Personen, von denen man Kenntnisse der einheimischen

Tierformen erwartet. Mit ihrer Veröffentlichung löse ich nach langem Zögern ein Versprechen ein, das ich schon vielen meiner früheren Schüler habe geben müssen, die ein Exemplar meiner Tabellen in eigenem Besitz haben wollten. Mit wenigen Ausnahmen sind die Tabellen neu hergestellt, meist auf Grund von einwandfrei bestimmten Exemplaren der einzelnen Arten, wobei natürlich auch die schon von anderer Seite veröffentlichten Tabellen zu Rate gezogen wurden, denen ich vor allem auch die Maßangaben entnahm. Den einzelnen Tabellen sind in der Regel einige Bemerkungen über Lebensweise und Vorkommen der darin enthaltenen Formen vorangeschickt.

Im allgemeinen sind nur die im Binnenland innerhalb Deutschlands lebenden Arten berücksichtigt, doch gelegentlich auch weitere Arten aufgenommen. Von Wirbeltieren sind alle unsere Arten angeführt, ebenso von Tagfaltern, Libellen, Heuschrecken, Hummeln und vielen anderen Gruppen. Im übrigen konnten von Insekten und Mollusken nur die größeren oder besonders auffallenden, vor allem aber nur die leichter unterscheidbaren Arten in den Tabellen Platz finden. Alle Formen und Tiergruppen, bei denen die Bestimmung und Unterscheidung schwieriger ist und reichere Erfahrung oder die Benutzung von Spezialwerken oder von stärkeren Vergrößerungen voraussetzt, mußten entweder ganz wegbleiben oder sind nur durch die Erwähnung einzelner Repräsentanten berücksichtigt worden. So konnte aus der großen Menge kleiner und mittelgroßer Insekten nur eine sehr beschränkte Zahl in die Tabellen aufgenommen werden. Manche fühlbare Lücke in den Tabellen ist dadurch zu erklären.

Die Tabellen enthalten fast nur solche unterscheidenden Merkmale, die sich zur raschen und bequemen Bestimmung eignen. Von einer Beschreibung der Arten wird absichtlich abgesehen. Wer eine solche wünscht, findet sie mehr oder weniger ausführlich in den zahlreichen anderen Schriften über einheimische Tiere, deren Benutzung durch die vorliegenden Tabellen erleichtert, nicht etwa ersetzt werden soll. Vor allem sind solche nötig, wenn man sich vergewissern will, ob die Bestimmung einer Art auch wissenschaftlich einwandfrei ist. Für Spezialisten sind die Tabellen nicht bestimmt.

Bei der Zusammenstellung und Anordnung der einzelnen Tabellen wurde, soweit es möglich war, die natürliche Verwandtschaft der behandelten Formen zugrunde gelegt. Wo sich aber für Bestimmungszwecke eine andere Anordnung unzweifelhaft besser eignet, wurde eine solche angewandt.

Es ist zu hoffen, daß durch die Leichtigkeit, mit der auf Grund dieser Tabellen sich eine große Menge einheimischer Tiere bestimmen läßt, das Interesse für die Systematik der Tiere, und was damit zusammen hängt, auch in den Kreisen unserer Studierenden eine Förderung erfährt, nachdem unsere moderne wissenschaftliche Zoologie diesem wichtigen Wissensgebiet wenig Pflege mehr angedeihen läßt.

Bei der Abfassung der Tabellen machte die wissenschaftliche Benennung der Arten besondere Schwierigkeit. Daß der einzige Zweck wissenschaftlicher (lateinischer) Namen in ihrer Bedeutung als internationales Verständigungsmittel liegt, und daß dieser ihr einziger Wert mit ihrer Unveränderlichkeit und Eindeutigkeit steht und fällt, scheint heute vollständig vergessen. Eine Afterwissenschaft, eine »zoologische Paläologie« hat sich ihrer bemächtigt und eine hoffnungslose Namensverwirrung geschaffen. Seit es dabei zu einem richtigen Sport geworden ist, bisher allgemein gebrauchte Namen durch andere, völlig unbekannte zu ersetzen, ist es heute notwendiger als je, mehrere wissenschaftliche Namen für die gleiche Art oder Gattung anzuführen, von denen die einen (als Synonyma) in Klammern gesetzt wurden. Ob einer von ihnen später dauernd in Gebrauch bleibt, ist ungewiß. Autorennamen beizufügen habe ich für unnötig gehalten, ebenso die Anführung eines dritten Namens für die Subspecies.

Der Verlag beabsichtigt diese Tabellen in mehreren in sich abgeschlossenen Bändchen herauszugeben. Einstweilen ist die Herausgabe von 3 Bändchen vorgesehen, die in rascher Folge nacheinander erscheinen sollen. Zwei dieser Bändchen sind für die Insekten bestimmt, das vorliegende enthält die Mollusken und Wirbeltiere. Ob und wann ein weiteres erscheinen wird, das dann die übrigen niederen Tiere und vielleicht noch Ergänzungen zu den früheren enthalten soll, ist zur Zeit noch nicht entschieden.

An dieser Stelle möchte ich der Verlagsfirma und ganz besonders Herrn Kommerzienrat W. Oldenbourg, der bei der Herausgabe dieser Büchlein mit großem Verständnis meinen Wünschen entgegen kam, meinen aufrichtigsten Dank aussprechen.   L. D.

Übersicht der Bestimmungstabellen.

Anleitung zur Benutzung der Tabellen.

Wer zum erstenmal die vorliegenden Tabellen benutzt, um ein ihm unbekanntes Tier zu bestimmen, d. h. seinen Namen festzustellen, wird sofort bemerken, daß in jeder Tabelle jede der links untereinander stehenden fetten Zahlen zweimal nacheinander vorkommt, z. B. 4 und 4'. Neben den beiden gleichen Zahlen stehen Merkmale, die sich einander ausschließen. Man hat nun zu entscheiden, welche der beiden Merkmale bei dem vorliegenden Tier zutreffen. Die zutreffenden Merkmale führen entweder gleich zu dem gesuchten Namen des Tieres oder zu einer anderen fetten Zahl am Ende der Zeile rechts. Diese neue Zahl findet sich wieder zweimal auf der linken Seite der Tabelle mit zwei anderen sich gegenseitig ausschließenden Merkmalen, unter denen wieder die Wahl zu treffen ist und so fort, bis zuletzt der gesuchte Name des Tieres sich findet oder der Name einer Tiergruppe mit dem Hinweis auf eine andere Tabelle, in der nunmehr der Name zu suchen ist.

Handelt es sich bei dem zu bestimmenden Tier z. B. um den auf Seite 31 abgebildeten Flußbarſch, so muß die Tabelle der Fische (Seite 27) zu Rate gezogen werden. (Über Fachausdrücke gibt Fig. 14, S. 28 Aufschluß.) Hier ist zunächst zu entscheiden, ob links ǀ die neben 1 oder neben 1' angegebenen Merkmale zutreffend sind. Natürlich kommt hier nur 1' in Betracht, was rechts zur Zahl 2 führt. Daher ist nun links wieder zwischen 2 und 2' zu entscheiden. Die richtige Wahl führt von 2' zu 3 rechts, dann von 3' links (Knochenfische) zu 4 rechts. Links findet man nunmehr 4–10, was bedeutet, daß 4' erst nach der Zahl 10' (auf Seite 30) zu suchen ist. Da die Bauchflosse unter der Brustflosse steht, kommt tatsächlich 4′ in Betracht, was über 11′ und 13′ zu 14′ führt, zur Familie der *Percidae*, Barſche. Dabei wird auf Seite 42 verwiesen, wo sich eine besondere Tabelle für die Familie der *Percidae* findet. Auf dieser Tabelle gelangt man nun von 1 über 2′ und 3′ zu 4′ und findet hier den richtigen Namen **Perca fluviatilis**, Barſch.

Es ist dringend zu empfehlen, in einer Tabelle stets mit den beiden links stehenden Zahlen 1 und 1′ zu beginnen und bei jeder in Frage kommenden Zahl sofort die gleichnamige andere Zahl zu suchen, um dann erst die Wahl zu treffen. Gleich beim ersten ernsthaften Versuch wird man leicht völlig vertraut mit dieser Methode ein Tier zu bestimmen. In der Regel ist das erste der angegebenen Merkmale neben einer Zahl genügend zur richtigen Entscheidung. Die anderen Merkmale sind oft nur zur Ergänzung beigefügt und sollen vor allem die Richtigkeit der Entscheidung bestätigen. Sollten ja einmal Zweifel entstehen, welche Wahl die richtige ist, so müssen in diesem Fall eben beide Wege versucht werden.

Fachausdrücke, die nicht in der Tabelle selbst oder ihrer Einleitung erläutert sind, sind in der Einleitung zu den einzelnen Tierklassen erklärt.

Der wissenschaftliche (lateinische) Name eines Tieres besteht stets aus dem Gattungsnamen (mit großem Anfangsbuchstaben) und dem Artnamen (mit kleinem Anfangsbuchstaben), z. B. **Cyprinus carpio.**

Bei der Anordnung des Stoffes kommen die allgemein gebräuchlichen, einander untergeordneten Gruppenbegriffe »Tierstämme, Klassen, Ordnungen, Familien, Gattungen mit Arten« mit ihren wissenschaftlichen Namen in Verwendung, denen in der Regel die gebräuchlichen deutschen Vulgärnamen beigefügt sind. Die in den Tabellen enthaltenen Namen von Familien enden stets mit -idae, z. B. *Alaudidae* = Familie der Lerchen, die von Unterfamilien enden mit -inae. Die neben den wissenschaftlichen Namen in Klammern () stehenden Namen sind diesen gleichbedeutend (synonym) und oft statt ihrer in Gebrauch.

Beim Bestimmen ist es durchaus notwendig auch die Größenangaben zu beachten. Meist kann man an einem seiner Finger feststellen, daß er die Länge von ungefähr 10 cm hat. Es ist sehr bequem einen solchen natürlichen

Maßstab zu benutzen, um jederzeit gröbere Mißgriffe in der Beurteilung der Länge vermeiden zu können (Breite eines der Fingernägel ist oft etwa 10 mm; Länge vom Ellbogen bis zur längsten Fingerspitze 40–50 cm). Die angeführten Längenangaben beziehen sich bei Wirbeltieren auf die gesamte Körperlänge (Kopfende bis Schwanzende). Nur bei Säugetieren ist Körper- und Schwanzlänge gesondert angegeben. Es bedeutet z. B.:

12 cm = gesamte Körperlänge ungefähr 12 cm
             (Durchschnittsgröße)
6–10 cm = mindestens 6, höchstens 10 cm lang
–12 cm = höchstens 12 cm lang (Maximalgröße).

Bei Säugetieren:

8 + 3 cm = 8 cm Körperlänge und 3 cm Schwanzlänge
Sch 10 cm = Schädellänge 10 cm.

Bei Vögeln:

Fl 10 cm = Länge des angelegten Flügels 10 cm
–14, Fl 10 cm = Körperlänge höchstens 14 cm, Flügellänge 10 cm.

Bei Schnecken:

–10/6 mm = höchstens 10 mm Höhe, 6 mm Breite der Schale.

Allgemeine Angaben über Vorkommen, z. B. »Norden«, »im Südwesten«, »selten« beziehen sich nur auf Deutschland. Dagegen ist bei »Irrgast aus Norden« u. dgl. die Herkunft nicht auf Deutschland beschränkt. Auch alle übrigen Angaben beziehen sich zunächst nur auf die in Deutschland vorkommenden Arten.

Im allgemeinen gelten die angegebenen Merkmale nur für reifere erwachsene Exemplare.

Es bedeuten die astronomischen Zeichen:

♂ = Männchen (Zeichen für den Planeten Mars)
♀ = Weibchen (Zeichen für den Planeten Venus).

Anm. Die Figuren sind meist den im Text genannten Werken entnommen.

Mollusca, Weichtiere.

Mollusken sind Tiere mit ungegliedertem Körper, ohne Gliedmaßen, mit wohlentwickeltem Darm und Nervensystem, ausgezeichnet durch einen muskulösen Fuß als Bewegungsorgan und durch einen Mantel, der die Atmungsorgane umschließt und eine äußere Kalkschale ausscheidet.

Mollusken sind ursprünglich Meerestiere. Sie spielen zu allen Zeiten in allen Meeren eine hervorragende Rolle. Von den 4 Klassen, in die sie sich einteilen lassen, sind die Käferschnecken (AMPHINEURA) und die Tintenfische (CEPHALOPODA) ganz auf die Meere beschränkt, während von den Muscheln (LAMELLIBRANCHIA) eine geringe Anzahl im Süßwasser auch bei uns heimisch geworden ist. Sehr viel reicher ist dagegen die Klasse der Schnecken (GASTROPODA) im Süßwasser und vor allem auf dem Lande vertreten. Schnecken sind schon aus dem Cambrium bekannt, Muscheln mit Sicherheit aus dem Silur.

In den vorliegenden Bestimmungstabellen sind nur die größeren und auffallenderen unserer Gattungen und Arten berücksichtigt, und auch diese nur, soweit ihre Bestimmung keine besonderen Schwierigkeiten bereitet. Für die übrigen, besonders die zahlreichen kleinen und kleinsten Formen muß auf die Spezialliteratur verwiesen werden, vor allem auf:

Geyer, Unsere Land- und Süßwassermollusken. Stuttgart 1927.
Ehrmann, Mollusca, in Brohmer, Fauna von Deutschland. Leipzig 1925.

1 Mit 2 gleichgroßen, gegeneinander beweglichen Kalkschalen. Tier ohne Kopf. Atmen mit Kiemen. Leben nur im Wasser:

  1. Klasse: **LAMELLIBRANCHIA** (Acephala, Bivalva, Pelecypoda), Muſcheln . . . . . . Seite 3.

1′ Mit oder ohne 1 meist spiralig gewundene Kalkschale. Tier mit Kopf und Fühlern:

  2. Klasse: **GASTROPODA** (Cephalophora), Schneden . . . . Seite 5 . . **2**

2 Tier mit angewachsenem, kalkigem oder hornigem Deckel. Atmen mit Kiemen. Stets mit spiraliger Schale, deren Mundrand scharf und nie umgebogen ist:

  1. Ordnung: PROSOBRANCHIA, Dedelſchneden **3**

3 Schale glatt. Leben im Wasser...

      (s. Wasserschnecken . . Seite 7) . . **4**

4 Schale und Deckel sehr dick verkalkt. Mündung und Deckel gestreckt halbkreisförmig (Fig. 4, S. 8):

  Unterordnung: **Scutibranchia.**

  Nur 1 Gattung Neritina.

4′ Schale und Deckel ziemlich dünn. Deckel meist hornig und wie die Mündung annähernd kreisförmig:

  Unterordnung: **Ctenobranchia.**

3′ Schale meist gerippt oder gegittert skulptiert. Leben am Land:

  Unterordnung: **Pneumonopoma,**

    (s. Landschnecken . . Seite 12.)

2′ Tier ohne Deckel. Atmen mit Lungen:

  2. Ordnung: PULMONATA, Lungenſchneden . . **5**

5 Tier mit 2 Fühlern. Punktauge an ihrer Basis. Mundrand der Schale stets gerade und scharf. Mit meist spiraliger Schale. Leben im Wasser:

  Unterordnung: **Basommatophora,** Waſſerſchneden, Seite 7.

5′ Tier mit 4 Fühlern. Punktauge an der Spitze der größeren Fühler. Leben am Lande:

  Unterordnung: **Stylommatophora,** Landſchneden **6**

6 Mit spiraliger Schale: Gehäuſeſchneden . . Seite 12.

6′ Ohne äußere Schale: Nadtſchneden . . . . Seite 19.

1. Klasse LAMELLIBRANCHIA, 𝔐uſcheln.

Am Rücken einer Muschel sind ihre beiden Kalkschalen durch ein äußeres elastisches, in getrocknetem Zustand sehr sprödes Band, das »Schloßband oder Ligament« (Fig. 1*L*), mit einander beweglich verbunden. Vor diesem Band liegt der älteste, am stärksten gewölbte Teil der beiden Schalen, der »Wirbel«. Danach kann man rechts und links, oben und unten, vorn und hinten bei jeder Schale bestimmen. Auf der Innenseite der Schalen liegt am oberen Rand unter dem Ligament das »Schloß«, oft mit zahn- oder leistenartigen Vorsprüngen.

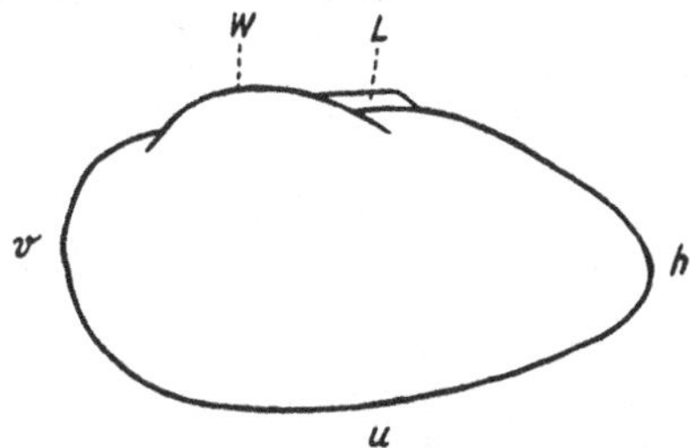

Fig. 1. Unio tumidus.
L Ligament oder Schloßband
W Wirbel
v, *h*, *u* vorn. hinten. unten

Fig. 2.
Dreissena
polymorpha,
Schale mit
Kante.

Unter den Muscheln sind nur die kleinsten, zur Familie der *Sphaeriidae* gehörigen Formen Zwitter, die anderen sind getrennten Geschlechts, die Weibchen durch etwas bauchigere Schale ausgezeichnet.

Muscheln leben am Boden der Gewässer, im Sand oder Schlamm mehr oder weniger tief eingegraben, und zwar meist in stillem Wasser. **Unio** und **Margaritana** finden sich in bewegterem Wasser, letztere, die dickschalige 𝔓erlmuſchel, in kalkarmen Bergbächen. Dicke Schalen wie die der 𝔓erlmuſchel und von **Unio crassus** werden gewöhnlich vom Wirbel aus äußerlich angefressen (korrodiert). Je nach der Art der von ihnen bewohnten Gewässer ändert die Gestalt der einzelnen Muschelarten außerordentlich ab, was

zur Aufstellung zahlreicher Lokalformen Anlaß gab, die
voneinander gut zu unterscheiden eine Unmöglichkeit ist.
Die durch Schiffe weit verschleppte, zu den Miesmuſcheln
gehörige Dreissena heftet sich wie diese mit Byssusfäden
an Holz und Steine.

1　Schalen mit auffallender Kante. Durch Byssusfäden
　　angeheftet:　　*Mytilidae*, Miesmuſcheln.
　　–40 mm:　　　　**Dreissena polymorpha, Wandermuſchel.**
1′ Schalen gleichmäßig gewölbt. Frei am Boden lebend　2
2　Schale höchstens 25 mm lang, nicht viel länger als hoch:
　　　　　　Sphaeriidae (Cycladidae) 3
3　Wirbel hinter der Mitte des Schalenrands.
　　–10 mm:　　　　**Pisidium amnicum, Erbſenmuſcheln.**
　　　　16 weitere Arten von **Pisidium** sind sehr viel kleiner.
3′ Wirbel ungefähr in der Mitte des Schalenrands . . 4
4　Wirbel breit, nicht vorragend:
　　　　　　Sphaerium (Cyclas), Kugelmuſcheln:
　　a) Etwa 20 mm lang. Schloßband frei:
　　　　　　S. rivicola. . . fehlt im Süden.
　　b) Höchstens 15 mm lang. Schloßband verborgen. Dick-
　　　　schalig, gerippt:
　　　　–12 mm:　　**S. solidum** . . . fehlt der Donau.
　　c) Ebenso, aber dünnschalig, gestreift.
　　　　–15 mm:　　**S. corneum** . . . häufig.
4′ Wirbel schmal, zitzenförmig vorragend.
　　–7 mm:　　　　**Musculium lacustre.**
2′ Schalen werden mindestens 60 mm lang:
　　　　　　Unionidae, Najaden 5
5　Schloß ohne vorragende Zähne. Schalen dünn:
　　　　　　Anodonta, Teichmuſcheln.
　　a) Schalen bauchig, vorn breit gerundet.
　　　　–200 mm: **A. cygnea,** Schwanenmuſchel.
　　　　Hierher auch **A. piscinalis, A. cellensis.**
　　b) Schalen flach, nach vorn verschmälert.
　　　　–70 mm:　　**A. complanata.**
5′ Schloß mit vorragenden Zähnen. Schalen kräftiger　6
6　Schloß mit langer scharfer Leiste neben hohen Zähnen:
　　　　　　Unio, Flußmuſcheln.
　　a) Schalen vorn breit abgerundet, hinten verschmälert.
　　　　Unterrand konvex. Nicht 2 mal so lang als breit (Fig. 1).
　　　　–90 mm:　　**U. tumidus** . . . fehlt der Donau.

b) Vorn breit, hinten verschmälert, Unterrand gerade
oder etwas konkav. Über 2 mal so lang als breit.
–90 mm: U. pictorum, Malermuschel.
c) Vorn und hinten fast gleichbreit, Unterrand gerade
oder etwas konkav. Nicht 2 mal so lang als breit.
60–95 mm: U. crassus (batavus).
6′ Schloß nur mit vorragenden Zähnen, ohne lange Leisten.
Schalen sehr dick, Unterrand etwas konkav. Wirbel
meist stark angefressen.
–120 mm: Margaritana margaritifera, Flußperl-
muschel.

---

2. Klasse GASTROPODA, Schnecken.

Es sind nur 2 Ordnungen der Schnecken, die bei uns
leben und hier in Frage kommen. Die eine Ordnung, die
noch mit Kiemen atmenden PROSOBRANCHIA, die in
außerordentlicher Mannigfaltigkeit alle Meere bewohnt, hat
nur verhältnismäßig wenige Vertreter bei uns im Süßwasser; ein paar Arten leben bei uns sogar am Land und
atmen Luft. Alle unsere hierher gehörigen Formen sind
ausgezeichnet durch den Besitz eines hornigen oder kalkigen
»Deckels«, der die Mündung schließt, wenn sich das
Tier in die Schale zurückzieht; es sind unsere Deckelschnecken.
Die große Menge aber nicht nur unserer Landschnecken,
sondern auch unserer Süßwasserschnecken atmen Luft mit
Lungen und bilden eine besondere Ordnung der Gastropoden,
die PULMONATA oder Lungenschnecken, die keinen Deckel
tragen. Diese Ordnung ist die einzige unter den Mollusken,
die keine Meeresbewohner enthält, aber über die ganze
Erde verbreitet ist. Sie ist schon seit dem Carbon bekannt.
Ein Teil von ihnen, die Basommatophora, ist ganz auf das
Süßwasser beschränkt, ist aber trotz ihrer weltweiten Ver-
breitung ziemlich formenarm. Der andere Teil aber, die
Stylommatophora, die eigentlichen Landschnecken, ist überaus
formenreich entwickelt. Sie erreichen in feuchten Tropengebieten z. T. eine stattliche Größe, wie Bulimus in Südamerika und Achatina in Afrika, und bringen es besonders
auf einigen Inselgruppen zu einem erstaunlichen Arten-

reichtum (Westindien, Kanaren, Philippinen, Sandwich-inseln). Bei uns erreichen sie nur eine bescheidene Größe; die Weinbergſchnecke ist weitaus unsere größte Art.

Alle Landschnecken sind feuchtigkeitsbedürftige Tiere, meist von nächtlicher Lebensweise, und sind hauptsächlich bei feuchtem Wetter munter. Den Winter verbringen sie in Verstecken, meist in erstarrtem Zustand. Die Weinberg-ſchnecke verschließt dabei die Mündung ihrer Schale mit einem aus erhärtetem Schleim gebildeten dicken Deckel. **Vitrina** aber zeigt sich besonders im Winter. Fast alle unsere Land- und Süßwasserschnecken sind Pflanzen- und

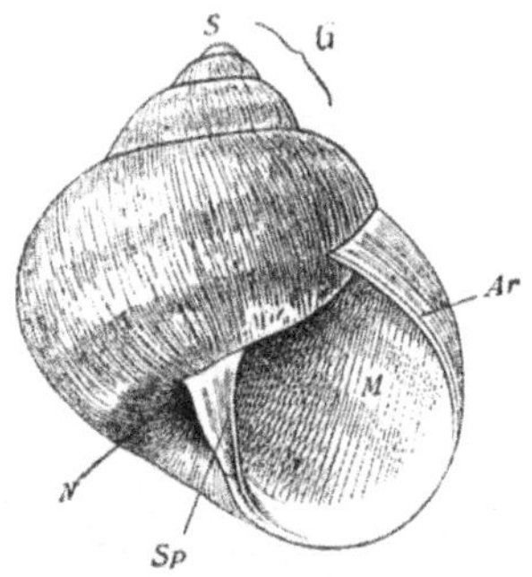

Fig. 3. Helix pomatia, Schale rechts
gewunden, kugelig.

Ar Außenrand
G Gewinde
M Mündung
N Nabel
S Spitze
Sp Spindel.

Detritusfresser, nur wenige Formen wie **Daudebartia** und **Vitrina,** auch **Amalia** sind räuberische Tierfresser, die andere Schnecken, Würmer u. dgl. verzehren. Bei ihnen ist die Schale mehr oder weniger zurückgebildet. Die Nackt-schnecken besitzen aber überhaupt keine äußere Schale mehr.

Die Lungenschnecken sind sämtlich Zwitter, von den Deckelschnecken nur die Gattung **Valvata.** Die Gattung **Vivipara** ist lebendig gebärend. Die Wasserschnecken legen Eier mit einer Gallerthülle ab (Laich), die Landschnecken solche mit festen Schalen.

Bei der »Größenangabe« für die Schnecken bedeutet die erste Zahl die Höhe, die zweite Zahl die Breite der spiraligen Schale, z. B. »—4/7 mm« bedeutet: bis 4 mm Höhe, 7 mm Breite.

Wird die Schale mit der Spitze nach oben, der Mündung nach unten gestellt, so gilt die Schale als »r e c h t s g e w u n d e n« (Fig. 3), wenn die Mündung sich dabei rechts befindet, im andern Fall als »l i n k s g e w u n d e n« (Fig. 12, S. 17). Aus dieser Stellung ergibt sich auch ihre »H ö h e«.

Die aufeinander folgenden, immer enger werdenden Windungen der Schale bilden das »Gewinde« (Fig. 3 *G*).

Schließen bei einer spiraligen Schale die Windungen um die Längsachse nicht dicht zusammen, so bleibt neben der Mündung ein zentrales enges oder weites Loch, der «offene Nabel« (Fig. 3 *N*, Fig. 9, S. 15), der für die Unterscheidung der Formen sehr wichtig ist.

Bei erwachsenen Schalen ist der äußerste Mündungsrand fest und gut verkalkt, nur bei Landschnecken öfter verdickt oder mit Knoten versehen oder umgeschlagen. Solche Verstärkungen des Mündungsrandes fehlen der unerwachsenen Schale, bei der der Mündungsrand auch oft noch häutig ist.

Wird eine Schnecke in kochendem Wasser getötet, dann läßt sich mit einer gekrümmten Nadel oder Draht der ganze weiche Körper bei einiger Vorsicht aus der Schale herausdrehen.

Zur Bestimmung unserer einheimischen Schnecken sind hier 3 getrennte Tabellen gegeben:

1. 𝔚𝔞𝔣𝔣𝔢𝔯𝔣𝔠𝔥𝔫𝔢𝔠𝔨𝔢𝔫.

Bei Wasserschnecken ist die Schale fast stets glatt, ohne Skulptur, dazu meist dünn, weißlich bis hornbraun, und ohne Zeichnung. Nur bei **Vivipara** kommen breite Längsbänder vor und bei **Neritina** eine dicke Schale mit zierlichen Zeichnungen. Die Schale ist stets spiralig gewunden mit Ausnahme von **Ancylus**. Eine seltene Gattung **Amphipeplea** hat nur eine fast häutige Schale. Alle Wasserschnecken leben in stillem Wasser, nur wenige wie **Neritina, Ancylus fluviatilis, Lithoglyphus** können in stark bewegtem Wasser wohnen, fest angesaugt an Steinen oder Pflanzen. Viele Arten der Wasserschnecken sind sehr variabel, jeweils ihrem Aufenthaltsort angepaßt.

1–7 Mit Deckel. Atmen mit Kiemen:
   PROSOBRANCHIA 2
 2 Schale und Deckel dick verkalkt. Deckel und Mündung
  langgestreckt halbkreisförmig: **Scutibranchia:**
  Schale halbkugelig, glatt, gezeichnet:
    Neritina (Theodoxus).
  a) Schale netzartig gezeichnet.
   –10 mm: **N. fluviatilis**...fehlt im Donaugebiet.
  b) Schale mit zickzackförmigen Querlinien (Fig. 4).
   –10 mm: **N. danubialis**...Donau.
  c) Schale mit 3–4 schmalen Längslinien.
   –10 mm: **N. transversalis**...Donau.

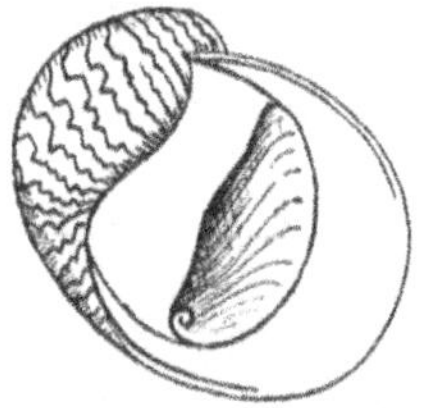

Fig. 4. Neritina danubialis,
mit halbkreisförmigem
Deckel. ×3

Fig. 5. Bithynia tenta-
culata, Deckel mit kon-
zentrischen Streifen. ×2.

 2' Schale dünn. Deckel nicht dick verkalkt. Deckel und
  Mündung etwa kreisförmig. Mundrand scharf und gerade:
   Ctenobranchia 3
 3 Schale groß, über 22 mm. Oft mit Binden:
   Vivipara (Paludina), Sumpfſchnecken:
  a) Nabel offen. Naht zwischen den Windungen tief.
   –43/35 mm: **V. vivipara.**
  b) Nabel bedeckt. Naht ziemlich flach.
   –38/28 mm: **V. fasciata** ... fehlt im Donaugebiet.
 3' Schale klein, höchstens –12 mm. Ohne Zeichnung . 4
 4 Schale etwa so breit als hoch, Gewinde meist niedrig.
  Mündung und Deckel auffallend kreisrund. Deckel
  hornig, mit spiraligen Streifen. Nabel offen.
   –6/6 mm: **Valvata piscinalis.**
 4' Schale höchstens so breit als hoch, Gewinde kegel-
  bis turmförmig. 5

5 Schale höher als 5 mm. Mündung nicht ganz kreisrund.
Deckel mit einem stumpfwinkeligen Eck. Kein offener
Nabel 6
6 Deckel mit konzentrischen Streifen, kalkig. Gewinde
hoch, kegelförmig: **Bithynia.**
  a) Gewinde mit flacher Naht.
     –10/7 mm: **B. tentaculata** (Fig. 5).
  b) Gewinde mit tiefliegender Naht.
     –7/4,5 mm: **B. leachi**...Südwesten.
6' Deckel mit spiraligen Streifen, hornig. Gewinde nieder.
Schale nicht viel höher als breit, ziemlich dick.
  –11/8 mm: **Lithoglyphus naticoides**...selten.
5' Schale kleiner als 4 mm, viel höher als breit . . . 7
7 Gewinde endet sehr stumpf mit sehr breiter eingedrück-
ter Spitze.
  –3 mm: **Bithynella** (6 Arten)...in Quellbächen.
7' Gewinde endet spitz.
  –3,5 mm: **Lartetia** (zahlreiche, schwer unterscheid-
bare Arten)...leben in unterirdischen Höhlenbächen.
1' Ohne Deckel. Mundrand gerade und scharf. Atmen
durch Lungen. Mit nur 2 Fühlern:
                PULMONATA: **Basommatophora** . . 8
8 Schale napfförmig, nicht spiralig: **Ancylus:**
  a) Schalenmündung eiförmig. Mit vorgezogener Spitze
     (Fig. 6).
     –4/6 mm: **A. fluviatilis.**
  b) Schalenmündung verlängert, stumpf viereckig. Sehr
     nieder.
     –2/7 mm: **A. lacustris** (Acroloxus).
8' Schale spiralig gewunden 9
9 Schale scheibenförmig, in einer Ebene gewunden (Fig. 7):
                Planorbis, Tellerſchneden . . Seite 11.

Fig. 6. **Ancylus fluvia-
tilis, Schale napfför-
mig.** ×4.

Fig. 7. **Planorbis planorbis,
Schale scheibenförmig,
außen mit Kiel.**

9′ Gewinde erhöht, nicht in einer Ebene gewunden. . 10
10 Schale links gewunden, sehr dünn und durchsichtig 11
11 Mündung kaum halb so hoch als Schale. Schlank.
     −15/5 mm: **Aplexa hypnorum.**
11′ Mündung höher als halbe Schale. Bauchig.
     Physa, Blasenschnecken.
   a) Schale sehr zart. Gewinde endet stumpf.
     −11/8 mm: **P. fontinalis.**
   b) Schale derber. Gewinde endet spitz.
     −17/9 mm: **P. acuta**…aus Südeuropa eingeschleppt.
10′ Schale rechts gewunden 12
12 Schale äußerst zart und dünn, fast häutig, blasen-
   förmig, wird mit dem Mantel bedeckt.
     −17/14 mm: **Amphipeplea glutinosa**…selten.
12′ Mit derberer Schale: **Limnaea** . . . . . . Seite 10.

Gattung **LIMNAEA,** Schlammschnecken.

1–4 Mündung etwa halb so hoch als Schale oder niederer 2
  2 Letzte Windung auffallend bauchig erweitert. Mündung
   etwa halb so hoch als Schale. Gewinde endet sehr spitz.
     −60/30 mm: **L. stagnalis**…sehr häufig.
2′ Letzte Windung nicht auffallend bauchig 3
3 Naht zwischen den Windungen sehr tief. Mündung etwas
   niederer als halbe Schale.
     −10/5 mm: **L. truncatula** ist Zwischenwirt des „Leber-
   egels" und erzeugt die »Leberfäule« der Schafe.
3′ Naht flacher. Mündung niederer 4
4 Mündung höher als ein Drittel der Schale. Schale doppelt
   so hoch als breit.
     −20/10 mm: **L. palustris.**
4′ Mündung etwa ein Drittel der Schalenhöhe. Schale
   3 mal so hoch als breit.
     −15/5 mm: **L. glabra**…fehlt im Süden.
1′ Mündung viel höher als halbe Schale 5
5 Schale so hoch als breit 6
6 Gewinde überragt die Mündung.
     −30/30 mm: **L. auricularia.**
6′ Mündung überragt das Gewinde.
     −40/40 mm: **L. ampla.**
5′ Schale höher als breit 7

7 Mündung erreicht höchstens zwei Drittel der Schalenhöhe.
−21/13 mm: **L. peregra.**

7′ Mündung erreicht mindestens zwei Drittel der Schalenhöhe 8

8 Schale dünner. Mündung gleichmäßig abgerundet.
−24/15 mm: **L. ovata.**

8′ Schale derber. Mündung etwas eckig.
−22/17 mm: **L. tumida.**

Gattung **PLANORBIS**, Tellerſchnecken.

1 Sehr groß, über 20 mm, in der Mitte stark vertieft.
−14/32 mm: **P. corneus**...fehlt in Bayern und
Württemberg.

1′ Höchstens 18 mm breit 2

2 Über 12 mm, außen mit scharfem Kiel 3

3 Windungen oben und unten gleichmäßig gewölbt. Kiel
in der Mitte.
−3/17 mm: **P. carinatus.**

3′ Windungen oben stark gewölbt, unten fast flach. Kiel
unten (Fig. 7, S. 9).
−4/18 mm: **P. planorbis** (marginatus).

2′ Höchstens 11 mm breit 4

4 Mündung viel höher als breit. Windungen außen ohne
Kiel, höher als breit, riemenförmig aufgewunden.
−2/6 mm: **P. contortus.**

4′ Windungen und Mündung nicht höher als breit . . 5

5 6−8 Windungen, nehmen nach außen langsam an Breite
zu. Äußerste Windung nahe der Mündung viel schmäler
als ihre Entfernung vom Zentrum 6

6 Außen mit scharfem Kiel. Meist auffallend nieder und
flach 7

7 Oben stärker gewölbt als unten.
−1,5/10 mm: **P. vortex.**

7′ Windungen oben und unten gleich gewölbt.
−0,8/6 mm: **P. vorticulus.**

6′ Außen kein scharfer Kiel, abgerundet 8

8 Sehr niedrig und flach. 7−8 Windungen.
−1/9 mm: **P. septemgyratus**...Norden, selten.

8′ Ziemlich dick. 5−6 Windungen.
−1,2/6 mm: **P. spirorbis.**

5′ Bis 5 Windungen, die äußerste mindestens so breit wie ihre Entfernung vom Zentrum **9**

9 Äußerste Windung nicht 2 mal so breit als ihre Entfernung vom Zentrum **10**

10 Oberfläche gitterartig gezeichnet. 3–4 Windungen. –1,5/6 mm: **P. albus.**

10′ Keine gitterartige Zeichnung. Schale glatt **11**

11 Außenrand rund, nicht gekielt **12**

12 Mundrand weiß, etwas umgebogen. –2/8 mm: **P. gredleri** (rossmaessleri) . . . selten.

12′ Mundrand nicht weiß, gerade. –1/6 mm: **P. laevis** (glaber)...selten.

11′ Außen schwach gekielt. Mündung stark nach unten gebogen. Sehr klein. –1/3 mm: **P. crista.**

9′ Äußerste Windung mindestens 2 mal so breit als ihre Entfernung vom Zentrum. Außen gekielt **13**

13 Letzte Windung innen mit weiß durchscheinenden Querleisten. –1,5/6 mm: **P. nitidus.**

13′ Äußerste Windung innen ohne Querleisten. –0,8/5 mm: **P. complanatus** (fontanus).

2. Landschnecken mit Gehäuse.

1 Tier mit festgewachsenem Deckel. Nur 2 Fühler. Schale meist deutlich skulptiert, gerippt oder gegittert: **Pneumonopoma** . . . . **2** (Sehr langgestreckt, turmförmig: s. Clausilia Fig. 12, S. 17.)

2 Klein. Schale hoch, kegelförmig bis walzenförmig:
   a) Schale fast walzenförmig, mit breiter flacher Spitze. Mit feinen Querfurchen. –4/1,2 mm: **Acicula lineata.**
   b) Schale ebenso, aber glatt. –4/1 mm: **Acme polita.**
   c) Schale spitz kegelförmig, eng gerippt: –8/3 mm: **Pomatias septemspirale** (Cochlostoma)... Süden.

2′ Größer. Schale eiförmig, Oberfläche gegittert (Fig. 8). –15/12 mm: **Cyclostoma elegans** (Pomatias)...Westen.

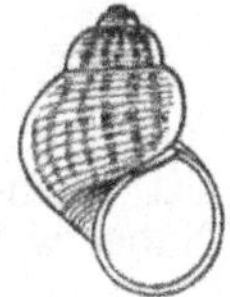

Fig. 8. Cyclostoma elegans.
Deckel mit spiraligen Streifen. ✕1,2.

1′ Tier ohne Deckel und mit 4 Fühlern. Schale sehr selten deutlich skulptiert:
     Stylommatophora **3**

3–22 Schale flach bis kugelig, nicht höher als breit . . . **4**

4 Schale sehr zart, glasartig durchsichtig. Kein offener Nabel. Mündung mindestens so breit wie die übrige Schale **5**

5 Mündung der Schale 2—3 mal breiter als das Gewinde. Schale sehr viel kleiner als Körper des Tieres, wird am Schwanzende getragen.
    –1,5/5 mm: **Daudebardia rufa**, Raubschnecke . . . selten.

5′ Körper kann sich ganz oder teilweise in die Schale zurückziehen: **Vitrina** (Phenacolimax), Glasschnecken (7 Arten).
  a) Mündung so breit wie übrige Schale.
    –3/5 mm: **V. pellucida.**
  b) Mündung viel breiter.
    –3/7 mm: **V. diaphana.**

4′ Schale derber **6**

6 Schale ganz oder z. T. auffallend glänzend, ziemlich flach. Gewinde wenig erhöht. Mundrand nicht umgebogen. »Nabel« (wie bei Fig. 9) meist offen . . **7**

7 Sehr groß, –30 mm. Nabel weit. Schale oben matt, gestreift, unten glatt, grünlichgelb, glänzend mit einigen gelben und braunen Querstreifen.
    –17/30 mm: **Zonites verticillus** . . . Südostbayern.

7′ Viel kleiner, höchstens bis 14 mm:
     Hyalinia, Glanzschnecken (16 Arten).
  a) Nabel eng. Sehr dünn und zerbrechlich.
    –6/14 mm: **H. glabra.**
  b) Nabel weit. Mündung nicht erweitert. Fettglänzend.
    –4/12 mm: **H. cellaria.**
  c) Nabel weit. Mündung stark erweitert.
    –4/9 mm: **H. nitens.**
  d) Nabel weit. Oben dicht und fein gestreift.
    –3/6 mm: **H. nitida** (Zonitoides).
  e) Nabelgegend trichterförmig, Nabel geschlossen. Mündung eng. **H. diaphana** (Vitrea).

6' Schale nicht auffallend glänzend 8

8 Sehr klein, höchstens −3 mm. Nabel offen 9

9 Schale sehr flach. Mündung erweitert mit verdicktem Rand, fast ununterbrochen kreisrund. Nabel weit:
Vallonia (9 Arten).
  a) Glatt. −1,3/2,5 mm:
     V. pulchella.
  b) Gerippt. −1,2/3 mm:
     V. costata.

9' Gewinde kreiselförmig erhöht 10

10 Schale fast glatt, dunkelbraun.
−1,5/2,5 mm: **Pyramidula rupestris.**

10' Schale ringsum mit langen häutigen Dornen.
−2/2 mm: **Acanthinula aculeata.**

8' Schale größer als 3 mm 11

11−14 Mündung auffallend 3eckig oder 3buchtig . . 12

12 Mündung ohne vorstehende Zähne. Behaart. Nabel weit offen. Gewinde ganz flach.
−5/11 mm: **Helicodonta obvoluta.**

12' Mündung mit 2 vorstehenden Zähnen 13

13 Nabel weit offen. Behaart. Gewinde flach.
−5/11 mm: **Isogonostoma holosericeum**...Gebirge.

13' Nabel bedeckt 14

14 Gewinde wenig erhöht. Behaart.
−6/11 mm: **Isogonostoma personatum.**

14' Gewinde kreiselförmig erhöht. Nackt.
−7/10 mm: **Petasia bidens**...im Osten.

11' Mündung nicht 3eckig oder 3buchtig 15

15−20 Nabel offen. Meist sehr flach 16

16 Nabel weiter als Mündung: **Patula** (Goniodiscus):
  a) Schale außen mit scharfem Kiel. Undeutlich gefleckt.
    −2/7 mm: **P. perspectiva** (solaria)...Südostbayern.
  b) Schale auffallend gefleckt, mit stumpfem Kiel.
    −3/7 mm: **P. rotundata.**
  c) Schale ohne Flecken, außen abgerundet.
    −3/7 mm: **P. ruderata**...Mittelgebirge.

16' Nabel nicht weiter als Mündung 17

17 Schale mit scharf gekieltem Außenrand.
−6/16 mm: **Chilotrema lapicida.**

17' Schale mit gleichmäßig gerundetem Außenrand und Mündung 18

18 Schale fast kalkweiß, mit scharfem Mundrand, stets
nackt: Xerophila (Helicella), Heideſchnecken...
fehlen im Nordosten.

   a) Nabel weit. Gelblichweiß mit hellbraunen Binden.
     –8/17 mm: **X. ericetorum** (Fig. 9).
   b) Nabel weit. Kreideweiß mit schwarzen Binden.
     –9/20 mm: **X. obvia.**
   c) Nabel eng. Nicht gestreift.
     –5/8 mm: **X. candidula.**
   d) Nabel eng. Oben deutlich gestreift.
     –6,5/9 mm: **X. striata.**

18′ Schale nicht kalkweiß. Mundrand öfter verdickt oder
umgeschlagen **19**

Fig. 9. Xerophila ericetorum,
Schale flach, mit niederem
Gewinde. Nabel weit.

19 Größer als 15 mm. Nabel weit. Nackt **20**
20 Oben fast flach, gestreift. Mundrand umgeschlagen:
      Campylaea (Cingulifera), Felſenſchnecken
     ...Kalkalpen.

   a) Horngelblich mit schwachen Binden.
     –8/22 mm: **C. ichthyomma.**
   b) Weißlich, ohne Binden.
     –10/25 mm: **C. presli.**
20′ Fast kugelig mit erhöhtem Gewinde.
     –15/20 mm: **Eulota fruticum,** Nabelſchnecke.
19′ Höchstens –15 mm: Schale flach bis kugelig:
      Fruticicola . . . . Seite 18

15′ Nabel ganz oder fast ganz bedeckt. Schale etwa so
hoch wie breit, fast kugelig. **21**
21 Schale über 30 mm: **Helix.**
   a) Bräunlich, nicht bunt gezeichnet (Fig. 3, S. 6).
     –40/40 mm: **H. pomatia,** Weinbergſchnecke.
   b) Mit breitem buntem Band.
     –36/40 mm: **H. aspersa**...aus Südeuropa.
21′ Schale höchstens –25 mm **22**

22 Schale bräunlich, mit dichtstehenden kleinen hellen Flecken.

    –22/25 mm: **Arianta arbustorum.**

22′ Schale hell, nie dicht gefleckt, mit oder ohne dunkle Bänder: **Tachea** (Cepaea).

   a) Mundsaum weiß.

     –15/19 mm: **T. hortensis,** Gartenſchnecke.

   b) Mundsaum tiefbraun.

     –17/22 mm: **T. nemoralis,** Hainſchnecke.

   c) Mundsaum rotbraun, Bänder in Längsflecken aufgelöst.

     –15/19 mm: **T. silvatica**…am Mittelrhein.

   d) Ebenso, aber Bänder vollständig.

     –18/22 mm: **T. vindobonensis**…im Osten.

3′ Schale gestreckt, höher als breit **23**

23 Mündung mindestens halb so hoch als Schale. Gelblich, durchscheinend: **Succinea,** Bernſteinſchnecken.

   a) Schale bauchig.

     –20/11 mm: **S. putris.**

   b) Schale schlanker.

     –12/6 mm: **S. pfeifferi.**

23′ Mündung viel kleiner. **24**

24 Schale rechts gewunden **25**

25 Schale höher als 8 mm:

         Buliminus, Turmſchnecken.

   a) Weiß, oft mit dunklen Querbinden.

     –20/10 mm: **B. detritus**…im wärmeren Süden und Westen.

   b) Hornfarben, Mundrand innen mit 3 Zähnen.

     –10/4 mm: **B. tridens** (Fig. 10).

   c) Hornfarben, Mundrand innen ohne Zähne.

     –16/6 mm: **B. montanus**…Buchenwälder, fehlt im Norden.

   d) Ebenso, aber kleiner.

     –9/3 mm: **B. obscurus.**

25′ Schale höchstens 8 mm hoch **26**

26 Schale glänzend und glatt **27**

27 Schale sehr schmal, fast nadelförmig, weiß bis glashell. Mündung höher als breit.

    –5/1,3 mm: **Caecilioides acicula** (Acicula).

27' Schale hornfarben, länglich eiförmig. Mündung nicht
höher als breit **28**

28 Mündung gezähnt.

–6/2,5 mm: **Azeca menkeana** (Cionella)…Westen.

28' Mündung ohne Zähne.

–6/2,5 mm: **Cochlicopa lubrica.**

26' Schale nicht glänzend, walzenförmig, fein gerippt.
Mundrand innen gezähnt:

Pupa, Tönnchenschnecken (28 Arten).

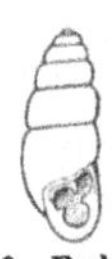  

Fig. 10. Buliminus tridens, Mundrand mit 3 Zähnen.   Fig. 11. Pupa dolium, Schale walzenförmig.   Fig. 12. Clausilia biplicata, Schale links gewunden, turmförmig.

a) Mundrand innen meist mit 2 Falten.

–5,5/2,5 mm: **P. doliolum** (Orcula).

b) Mundrand innen mit 3 Falten.

–7/3 mm: **P. dolium** (Orcula) (Fig. 11).

c) Mundrand innen mit 7 Falten.

–7/2,5 mm: **P. secale** (Torquilla).

d) Mundrand innen mit 8 Falten.

–8/3 mm: **P. frumentum** (Torquilla).

24' Schale links gewunden **29**

29 Schale nicht sehr schlank, kaum 3 mal so hoch als breit.
Mundrand innen mit 4 Zähnen.

–10/3,5 mm: **Buliminus quadridens** (Chondrula)…
Süden.

29' Schale sehr schlank, turmförmig, 4 mal so hoch als breit **30**

30 Schale unter der Mündung nicht verengert.

–10/2,5 mm: **Balea perversa.**

30' Schale unter der Mündung halsartig verengert (Fig. 12):

Clausilia (28 Arten).

a) Schale fast glatt.

–17/4 mm: **Cl. laminata.**

b) Schale sehr fein gestreift.

–9/2 mm: **Cl. parvula**…die kleinste Art.

c) Schale gerippt: Zahlreiche Arten von 6–17 mm Höhe.

Gattung **FRUTICICOLA.**

1–7 Nabel weit **2**

2 Ganz flach, fast 2 mal so breit als hoch, Gewinde kaum
　erhoben **3**

3 Schale ohne Haare **4**

4 Mundsaum etwas zurückgeschlagen.
　–6/12 mm: 　**F. umbrosa** . . . Südosten.

4′ Mundsaum nicht zurückgeschlagen, innen verdickt.
　–7/14 mm: 　**F. striolata** . . . Südwesten.

3′ Schale behaart **5**

5 Schale zottig und lang behaart.
　–8/14 mm: 　**F. villosa,** . . . Süden.

5′ Schale kurz behaart. Gewinde wenig erhöht.
　–5/9 mm: 　**F. hispida.**

2′ Schale nicht ganz flach, Gewinde deutlich erhoben 　**6**

6 Größer. Schale nicht ganz so hoch als breit, ganz nackt.
　–15/20 mm: **Eulota fruticum.**

6′ Kleiner, in der Jugend behaart, fein gestreift . . 　**7**

7 Gewinde stärker erhöht. Mundsaum umgeschlagen.
　–10/15 mm: **F. strigella.**

7′ Gewinde weniger erhöht. Mund innen mit weißer Lippe.
　–7/14 mm: 　**F. striolata** . . . Südwesten.

1′ Nabel eng. Gewinde mehr oder weniger erhoben . 　**8**

8 Mundrand innen kaum verdickt **9**

9 Dicht mit langen feinen weichen Haaren bedeckt.
　–5/7 mm: 　**F. sericea.**

9′ Haare hinfällig, kurz, straff. Nabel sehr fein.
　–6/8 mm: 　**F. rubiginosa** . . . Norden.

8′ Mundrand innen deutlich verdickt, eine »Lippe«
　bildend **10**

10 Größer. Schale nackt. Lippe fleischrot, nach außen
　durchscheinend:
　–10/15 mm: **F. incarnata.**

10′ Klein. Schale behaart **11**

11 Lippe mit vorragendem Knoten in der Mitte.
　–6/8 mm: 　**F. unidentata** (cobresiana).

11′ Lippe weiß, ohne Knoten.
　–5/7 mm: 　**F. edentula** . . . Süden.

3. 𝕹𝖆𝖈𝖐𝖙𝖘𝖈𝖍𝖓𝖊𝖈𝖐𝖊𝖓.

Landschnecken ohne äußere Schale, mit 4 Fühlern.

Bei den Nacktschnecken zeigt **Limax** unter dem sogenannten »Schild« noch die Reste einer Schale, die Gattung **Arion** aber nicht mehr. **A. empiricorum** zeichnet sich durch äußerst bittern Geschmack aus, ein sehr wirksamer Schutz gegen Feinde.

1 Atemloch rechts, in der vorderen Hälfte des Schildes. Rücken ohne Kiel:

       Arion **2**

2 Groß, 100–150 mm lang. Rot, braun oder schwarz, Außenrand der Sohle meist rot:

       A. empiricorum, 𝔚𝔢𝔤𝔰𝔠𝔥𝔫𝔢𝔠𝔨𝔢.

2′ Viel kleiner, –60 mm **3**

3 Oben gelb bis rotbraun. Sohle gelblich. Schleim rotgelb. –60 mm: **A. subfuscus.**

3′ Oben schwärzlich, seitlich heller mit unscharfen Längsbinden. Sohle hellgrau. Schleim rotgelb. –50 mm: **A. hortensis,** 𝔊𝔞𝔯𝔱𝔢𝔫𝔫𝔞𝔠𝔱𝔰𝔠𝔥𝔫𝔢𝔠𝔨𝔢.

3″ Oben grau bis braun, seitlich mit scharfen Längsbinden. Sohle weiß. Schleim ungefärbt. –50 mm: **A. circumscriptus.**

1′ Atemloch rechts, in der hinteren Hälfte des Schildes   4

4 Schild fast halb so lang als Körper. Sehr zart und klein. Rücken ohne Kiel. –20 mm: **Limax laevis.**

4′ Schild etwa ein Drittel der Körperlänge. Mit Kiel auf dem Rücken **5**

5 Rückenkiel reicht vom Schild bis Schwanzspitze. Schild mit 2 bogenförmigen Bändern. –100 mm: **Amalia marginata.**

5′ Kiel nur am hinteren Teil des Rückens **6**

6 Kleinere Arten, –70 mm **7**

7 Schwanzende durchscheinend. Schild mit 2 dunklen Längsstreifen. –70 mm: **Limax arborum.**

7′ Schwanzende nicht durchscheinend **8**

8 Gelb mit schwachem Kiel. Schleim gelb. Zart. Auf Pilzen.
–60 mm: **L. tenellus.**

8′ Weißlich bis braun, dunkelgefleckt. Schleim weiß. Hinten mit kräftigem Kiel.
–60 mm: **L. agrestis,** Feldſchnecke . . . oft sehr schädlich.

6′ Große Arten, 100–150 mm 9

9 Grundfarbe gelblich mit dunkler netzförmiger Zeichnung. Erscheint grau mit hellen Spritzflecken auch auf dem Schild.
–120 mm: **L. flavus,** Kellerſchnecke . . . nur in Kellern.

9′ Grundfarbe weißgrau bis schwarz.
–150 mm: **L. maximus:**
   a) Schild gefleckt. Sohle weiß: **L. m. cinereus.**
   b) Schild nicht gefleckt. Sohle ganz weiß: **L. m. unicolor.**
   c) Schild nicht gefleckt. Sohle nur in der Mitte weiß:
      L. m. cinereo-niger.

Vertebrata, Wirbeltiere.

Der Körper der Wirbeltiere zeigt äußerlich Kopf, Rumpf und Schwanz und besitzt ein knorpeliges oder knöchernes Innenskelett, bestehend aus Schädel und gegliederter Wirbelsäule. Dazu kommt in der Regel noch ein Paar Vorder- und ein Paar Hintergliedmaßen, ebenfalls mit knorpeligem oder knöchernem Innenskelett. Sie pflanzen sich durch Eier (ovipar) oder lebendige Junge (vivipar) fort.

Wie die Gliedertiere, so scheiden sich auch die Wirbeltiere naturgemäß in „Wassertiere" mit Kiemenatmung und Flossen (Fische, Pisces mit Cyclostomi) und „Land- oder Lufttiere" mit Lungenatmung und ursprünglich fünfzehigen Gehbeinen (Vierfüßer, Tetrapoda) je nach dem Medium, in dem sie hauptsächlich und ursprünglich leben. Denn dies beeinflußt ihren ganzen Bau, ihre Lebensweise und ihre Fortpflanzung aufs tiefste. Die Amphibien vermitteln zwischen beiden Gruppen, indem sie in der Jugend noch Wassertiere sind. Reptilien und Vögel gehören ihrem ganzen Bau nach aufs innigste zusammen.

Fische kennen wir fossil schon aus dem Silur, aber noch ohne paarige Flossen, den Cyclostomen entsprechend. Mit paarigen Flossen treten sie erst seit dem Devon auf. Amphibien erscheinen zuerst im unteren Karbon, die ersten Reptilien im oberen Karbon. Der erste Vogel mit Federn, aber noch mit langem Reptilienschwanz und mit Zähnen (Archaeopteryx) findet sich im oberen Jura, und im Jura erscheinen auch die ersten unzweifelhaften Säugetiere.

Literatur zum Bestimmen von Wirbeltieren.

L u d w i g, Die Wirbeltiere Deutschlands. Hannover 1884.
S c h m i e d e k n e c h t, Die Wirbeltiere Europas. Jena 1906.
B r a u e r, Süßwasserfauna Deutschlands. Heft 1. Wirbeltiere.
  Jena 1909.
D a h l, Die Tierwelt Deutschlands. 1. Jena 1925.
B r o h m e r, E h r m a n n, U l m e r, Die Tierwelt Mitteleuropas.
  Wirbeltiere. Leipzig 1929.

Säugetiere:

B l a s i u s, Naturgeschichte der Säugetiere Deutschlands. Braun-
  schweig 1857.
S c h ä f f, Die wildlebenden Säugetiere Deutschlands. Neudamm
  1911.
M i l l e r, Catalogue of the Mammals of western Europe. London
  1912.

Vögel:

R e i c h e n o w, Die Kennzeichen der Vögel Deutschlands. Neu-
  damm 1902.
N a u m a n n, Naturgeschichte der Vögel Mitteleuropas. Neue Auf-
  lage, 12 Foliobände. 1897—1905.
K l e i n s c h m i d t, Singvögel der Heimat. Leipzig 1921.
F r i d e r i c h, Naturgeschichte der deutschen Vögel. Stuttgart
  1923.
H a r t e r t, Die Vögel der paläarktischen Fauna. Berlin 1910—1923.
H e i n r o t h, O. u. M., Die Vögel Mitteleuropas. Berlin 1929.
V o i g t, Exkursionsbuch zum Studium der Vogelstimmen. Leipzig.

Reptilien und Amphibien:

S c h r e i b e r, Herpetologia europaea. Jena 1912.
S t e r n f e l d, Die Amphibien und Reptilien Mitteleuropas, Leipzig
  1913.

Fische:

v. S i e b o l d, Die Süßwasserfische von Mitteleuropa. Leipzig 1863.
N i t s c h e und H e i n, Die Süßwasserfische Deutschlands. Deut-
  scher Fischereiverein. Berlin 1909.
V o g t und H o f e r, Die Süßwasserfische von Mitteleuropa. Leipzig
  1910.
W a l t e r, Unsere Süßwasserfische. Leipzig 1913.

Die Klassen der Wirbeltiere.

1 Atmen mit Kiemen und leben nur im Wasser. . . **2**

2 Atmen mit inneren Kiemen. Paarige, seitliche Kiemen-
öffnungen vorhanden. Unpaare, durch Hornfäden,
Knorpel- oder Knochenstäbe (»Flossenstrahlen«) ge-
stützte Flossen stets vorhanden, nämlich »Rücken-,
Schwanz- und meist auch Afterflosse« (Fig. 14,
S. 28). Eier klein mit Gallerthülle (»Laich«). . . . **3**
PISCES, Fische . . . . Seite 24 u. 27

3 Mund kreisförmig, ohne Unterkiefer, mit Hornzähnen.
Nasenöffnung einfach. Körper schlangenförmig gestreckt, nackt, mit je 7 seitlichen Kiemenöffnungen.
Ohne paarige Gliedmaßen und ohne Afterflosse:
1. Klasse: **CYCLOSTOMI** (Agnathi), Rundmäuler.

3′ Mund ist eine Querspalte mit Unterkiefer, ursprünglich
und meist mit Kalkzähnen. Paarige Gliedmaßen mit
knorpeligem oder knöchernem Innenskelett stets vorhanden, nämlich je 1 Paar »Brustflossen«, meist
auch 1 Paar »Bauchflossen« (Fig. 14, S. 28):
2. Klasse: **GNATHOSTOMI** (Pisces s. str.), Quermäuler.

2′ Kiemen sind entweder äußerlich wie bei Molchen oder
innerlich, aber mit einem unpaaren Kiemenloch wie bei
Kaulquappen: Larven von Amphibien . . . Seite 43

1′ Atmen mit Lungen. Ohne Kiemenöffnungen. Bei un-
paaren Flossen (selten vorhanden) finden sich niemals
Flossenstrahlen. Wenigstens ursprünglich 2 Paar Glied-
maßen mit knöchernem Innenskelett in Gestalt von
Vorder- und Hinterbeinen mit je 5 Zehen (vorn 4 bei
Amphibien) vorhanden:
TETRAPODA, Landwirbeltiere, Vier-
füßer **4**

4 Haut nackt, Zehen ohne Krallen. Atmen in der Jugend
mit Kiemen. Eier klein mit Gallerthülle (Laich) oder
lebende Junge.
3. Klasse: **AMPHIBIA**, Lurche . . . . . Seite 43

4′ Haut und Zehenenden wenigstens ursprünglich mit
Hornbekleidung. **5**

5 Haut mit Hornschuppen oder -schildern. Eier groß mit derber Schale oder lebende Junge:

4. Klasse: **REPTILIA, Kriechtiere**. . . . Seite 50

5' Haut mit Federn. Vordergliedmaßen sind Flügel. Eier groß mit Kalkschale:

5. Klasse: **AVES, Vögel** . . . . Seite 56

5'' Haut mit Haaren (bei Waltieren nicht mehr ausgebildet). Mit Milchdrüsen. Vivipar (Monotremata legen Eier):

6. Klasse: **MAMMALIA, Säugetiere** . . Seite 139

---

1. u. 2. Klasse PISCES (mit Cyclostomi), Fische.

1. Klasse: **CYCLOSTOMI** (Agnathi), Rundmäuler ... wenige Arten im Meere und Süßwasser.

2. Klasse: **GNATHOSTOMI, Quermäuler.**

   1. Unterklasse: **ELASMOBRANCHII, Haifische** ... leben fast nur im Meere.

   2. Unterklasse: **HOLOCEPHALI, Meerkatzen** ... wenige Arten nur im Meere.

   3. Unterklasse: **TELEOSTOMI.**

      1. Ordnung: **Crossopterygii, Quastenflosser** ... wenige Arten nur in Flüssen von Afrika.

      2. Ordnung: **Dipnoi, Lungenfische** ... wenige Arten nur in Binnengewässern von Südamerika, Afrika und Australien.

      3. Ordnung: **Chondrostei** (Heterocerci), **Störe** ... wenige Arten nur in der nördlichen gemäßigten Zone.

      4. Ordnung: **Ganoidei, Schmelzschupper** ... wenige Arten nur in Flüssen von Nordamerika.

      5. Ordnung: **Teleostei, Knochenfische** ... bilden die große Mehrzahl der lebenden Fische.

         1. Unterordnung: **Physostomi** ... hierher die meisten Süßwasserfische.

         2. Unterordnung: **Physoclisti** ... leben größtenteils im Meere.

Von den Hauptgruppen der Fische finden sich CYCLOSTOMI und TELEOSTOMI in unseren Binnengewässern. Die ELASMOBRANCHII, Haifische und Verwandte, sind fast ausschließlich Meeresbewohner, von denen selten einmal ein Exemplar sich bei uns in die Flußmündungen verirrt.

Die altertümlichsten Teleostomen, die noch ein knorpeliges Innenskelett besitzen, sind bei uns nur durch die Störe vertreten, die heute allein die Gruppe der **Chondrostei** darstellen, aber ganz auf die nördliche gemäßigte Zone beschränkt sind. Vertreter dieser Gruppe lebten schon zur Devonzeit und bildeten während der Permzeit (Zechstein) die überwiegende Masse der damals lebenden Fische.

Teleostei, Knochenfische, gibt es erst seit der Juraperiode, und zwar waren es **Physostomi,** deren Schwimmblase (wenn vorhanden) noch in offener Verbindung mit der Speiseröhre steht. Solche Physostomen sind es, die heute auf der ganzen Erde den weitaus überwiegenden Großteil der Süßwasserfische darstellen. Auch unsere Süßwasserfische gehören in ihrer großen Mehrzahl zu den Physostomen. Kaum der vierte Teil von ihnen gehört nicht in diese Gruppe.

Aber auch von den Physostomen sind die meisten der Familien nur durch je 1 (selten 2) Art bei uns im Süßwasser vertreten, darunter die *Siluridae,* Welse, die in Südamerika weitaus die erste Rolle unter den Süßwasserfischen spielen und auch in Afrika reich vertreten sind. Auch von den Heringen und Aalen, die in zahlreichen Arten die Meere bewohnen, fand nur je 1 (2) Art den Weg in unsre Flüsse. Nur 2 Familien der Physostomen sind es, die die große Masse unserer Süßwasserfische bilden, die *Salmonidae,* Edelfische, und ganz besonders die *Cyprinidae,* zu welch letzteren mehr als die Hälfte aller Fischarten unserer Binnengewässer gehört. Wie in Asien und Nordamerika, so stellen auch in Europa diese beiden Familien die große Menge der Süßwasserfische vor, die Salmoniden allerdings nur im nördlichen Teil dieser Kontinente.

Die **Physoclisti,** deren Schwimmblase völlig geschlossen ist, und deren Bauchflossen weit nach vorn gerückt sind, treten erst seit der Kreidezeit auf und bilden als die modernsten Fischformen heute die große Mehrheit der im Meere lebenden Fische, wo sie besonders in den wärmeren Küstengebieten alle anderen Fischgruppen zusammen an Artenzahl weit übertreffen. Nur wenige Familien dieser Physoclisten sind bisher bei uns auch schon in die Binnengewässer vorgedrungen. Denn von den *Gadidae, Pleuronectidae* und *Cottidae,* die in den Meeren eine hervorragende Rolle spielen, findet sich in unseren Binnengewässern nur je eine einzige Art. Nur die Familie der *Percidae,* Barsche, ist bei uns, wie auch in anderen Erdteilen, etwas reichlicher vertreten. Aber mit Ausnahme von Barſch, Kaulbarſch und Zander sind unsere *Percidae* alle auf das Donaugebiet beschränkt geblieben, und auch der Zander fehlte ursprünglich im Westen.

Unsere Süßwasserfische sind sämtlich Tierfresser, manche, wie der Karpfen u. a., nehmen daneben auch pflanzliche Stoffe auf. Arten mit weitem Maul, die größeren Tieren, besonders Fischen nachstellen, werden als »Raubfische« bezeichnet, die »Friedfische« fressen nur Kleintiere.

Alle unsere Süßwasserfische sind ovipar und legen große Mengen von kleinen Eiern ab mit Gallerthülle (Laich). Sie laichen meist im Frühjahr mit Ausnahme der Quappe und der meisten Salmoniden, deren Laichzeit in den Winter fällt, und die dadurch ihre Herkunft aus dem Norden verraten.

Einige unserer Fische sind Wanderfische, die im Meer ihre Geschlechtsreife erlangen und nur zum Laichen in die Flüsse kommen, wo sie dann auch einen Teil ihrer Jugend verbringen, wie die Störe, die Clupeiden und von den Salmoniden der Schnäpel, der Lachs und die Meerforelle, und mit ihnen das Meer- und Flußneunauge. Im Gegensatz dazu wandert der Aal aus dem Süßwasser ins Meer, um in der Nähe der Bermudainseln im Atlantischen Ozean in einer Tiefe von etwa 5000 m sich fortzupflanzen.

Viele Fische, besonders unter den Cypriniden, auch einige Felchen, zeigen zur Laichzeit einen »Laichausschlag«, nämlich zahlreiche, mehr oder weniger auffallende kleine Warzen auf den Seiten des Körpers. Bei den meisten Fischen sind Männchen und Weibchen nach äußeren Merkmalen kaum sicher zu unterscheiden. Zur Laichzeit erscheinen die Weibchen meist dicker als die Männchen.

Erklärung von Fachausdrücken bei Fischen.

»Bartfäden« s. Fig. 14 *Ba*, S. 28, »Fettflosse« s. Fig. 15 *F*, andere »Flossen« s. Fig. 14, »Kiemendeckel« s. Fig. 14 *K*, Mund »oberständig, end- oder unterständig« s. Fig. 28, S. 35, »Seitenlinie« s. Fig. 14 *Sl*.

»Kopflänge« bei Fischen ist die Entfernung vom vorderen Kopfende bis Hinterrand des Kiemendeckels.

Länge von Rücken- oder Afterflosse ist die Länge ihrer Basis.

»Reusendornen« sind dornartige Anhänge an den Kiemenbögen, die eine Reuse bilden (Fig. 20, S. 33).

»Schlundzähne« sind Zähne am letzten Kiemenbogen (Fig. 31, 32, S. 39).

»Schnauze« ist der vor den Augen liegende Teil des Kopfes.

»Vomer« oder Pflugscharbein ist ein Knochen in der Mitte des Gaumens (Fig. 21 *V*, S. 33).

Familien und Arten unserer Fiſche.

1 Ohne paarige Flossen. Schlangenförmig. Kreisrunder Saugmund mit Hornzähnen. Nasenöffnung einfach. Haut nackt. Jederseits 7 offene Kiemenlöcher. Skelett knorpelig: **CYCLOSTOMI**, Runbmäuler (Fig. 13). Mit 2 Rückenflossen:

1. *Petromyzontidae*, Neunaugen:

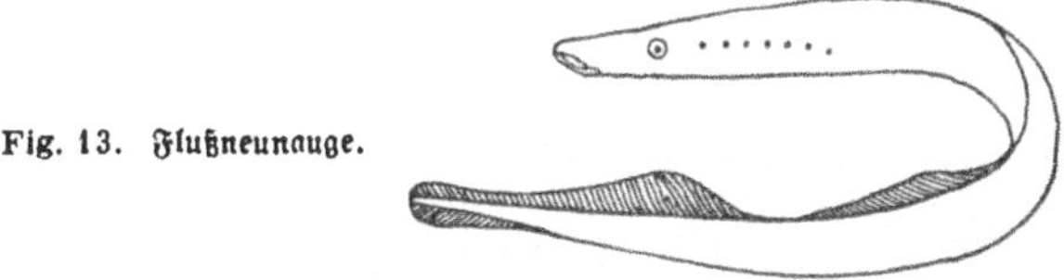

Fig. 13. Flußneunauge.

a) Rücken marmoriert. Rückenflossen weit getrennt. Bananendicke:

−90 cm: **Petromyzon marinus**, Meerneunauge, Lamprete ... Nord- und Ostsee, laicht in Flüssen.

b) Rücken einfarbig. Rückenflossen dicht hintereinander. Daumendicke (Fig. 13):

−40 cm: **P. fluviatilis**, Flußneunauge, Pride .... Meeresfisch, laicht in Flüssen. Die Larven, Querber (**Ammocoetes**), ohne Augen, mit · Kiemenspalten in einer Längsfurche, leben 4–5 Jahre im Süßwasser.

c) Rücken einfarbig. Rückenflossen nicht getrennt. Hornzähne stumpf. Bleistiftdicke:

−30 cm: **P. planeri**, Bachneunauge ... nur im Süßwasser.

1′ Mit paarigen Brust- und Bauchflossen (letztere fehlen beim Aal). 2 Nasenöffnungen. Mund mit Ober- u. Unterkiefer: **GNATHOSTOMI** 2

2 Jederseits 5(–7) offenliegende Kiemenlöcher. Kein knö-
cherner Kiemendeckel. Innenskelett knorpelig. Mund
quer auf der Unterseite:

    ELASMOBRANCHII (Chondropterygii,
Plagiostomi, Selachii), Haififche . . . nur im Meere.

2′ Kiemenlöcher von einem knöchernen Kiemendeckel bedeckt, daher jederseits äußerlich nur eine einzige Kie-
menspalte: **TELEOSTOMI** (Fig. 14). 3

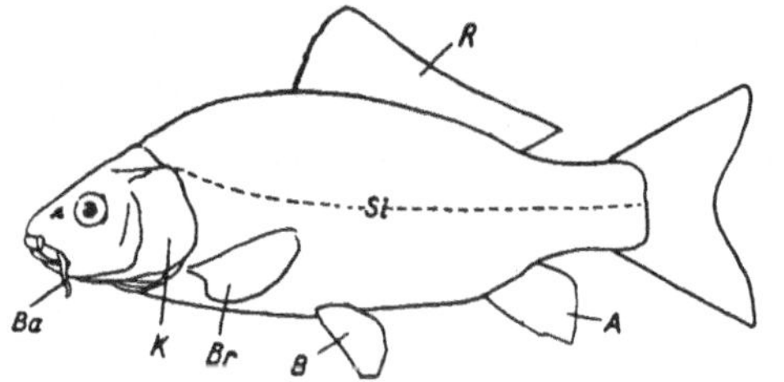

Fig. 14. Karpfen.
A Afterflosse
   (Analflosse)
B Bauchflosse
   (Ventralflosse)
Ba Bartfäden
   (Barteln)
Br Brustflosse
   (Pektoralflosse)
K Kiemendeckel
R Rückenflosse
   (Dorsalflosse)
Sl Seitenlinie

3 Oberer Schwanzlappen viel länger als unterer, bis zum
Ende beschuppt und mit Wirbelsäule. Innenskelett
fast ganz knorpelig: CHONDROSTEI.
Mit 5 Reihen von Knochenschildern:

    2. *Acipenseridae*, Störe . . . . zum Teil
Meeresfische, laichen in Flüssen.

  a) Bartfäden kurz und glatt. Jederseits 11–13 Bauch-
schilder, 26–31 Seitenschilder.
–400 cm: **Acipenser sturio**, Stör.

  b) Bartfäden lang und gefranst. Jederseits 16–18 Bauch-
schilder, 60–70 Seitenschilder:
–100 cm: **A. ruthenus**, Sterlet . . . Donau.

3′ Oberer Schwanzlappen nicht verlängert. Schwanzflosse
liegt hinter dem Ende der Wirbelsäule und ist nicht beschuppt. Mit innerem Knochenskelett:

    TELEOSTEI, Knochenfifche 4

4–10 Bauchflosse weit hinter der Brustflosse (Fig. 14) oder
fehlt. Höchstens 1 langer Stachel in der Rückenflosse:

    Physostomi, Weichflosser 5

5 Bauchflossen fehlen. Körper schlangenförmig, nackt:

    3. *Anguillidae*, Aale.

a) ♂ –50 cm, ♀ –150 cm: **Anguilla vulgaris,** Aal...
laicht im Meer, fehlt ursprünglich im Donaugebiet.

5′ Bauchflossen vorhanden 6

6–8 Bartfäden vorhanden, die oberen fast so lang oder länger als Kopf. Körper nackt:

4. *Siluridae,* Welſe.

a) Rückenflosse ohne Stachel, sehr klein. Afterflosse sehr lang.
–300 cm: **Silurus glanis,** Wels, Waller, ein Raubfisch.

b) Rückenflosse mit Stachel, dahinter eine kleine »Fett-flosse« ohne Flossenstrahlen.
–45 cm: **Amiurus nebulosus,** Zwergwels . . . stammt aus Amerika.

6′ Bartfäden viel kürzer oder fehlen 7

7 Kiemendeckel mit Schuppen wie der übrige Körper:

5. *Umbridae,* Hundsfiſche.

a) –11 cm: **Umbra krameri,** Hundsfiſch . . . Österreich.

7′ Kiemendeckel ohne Schuppen 8

8 Hinter der Rückenflosse eine sehr kleine »Fettflosse« ohne Flossenstrahlen (Fig. 15 *F*):

6. *Salmonidae,* Edelfiſche . . . Seite 31

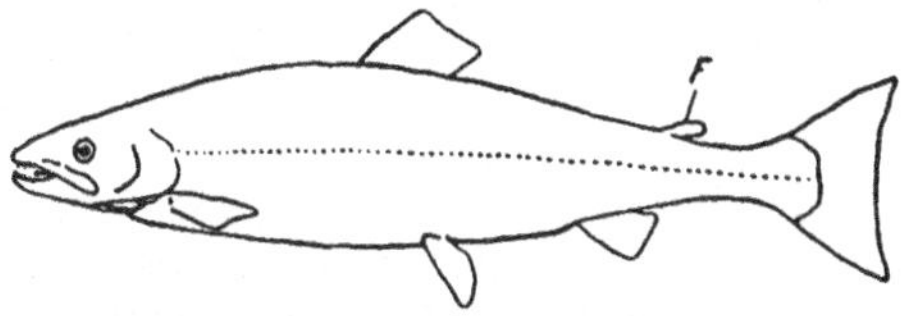

Fig. 15. Lachs.
F Fettflosse.

8′ Keine Fettflosse hinter der Rückenflosse 9

9 Mit langen spitzen Zähnen, besonders im Unterkiefer:

7. *Esocidae,* Hechte.

a) Rückenflosse gegenüber der Afterflosse, nahe der Schwanzflosse. Kopf entenschnabelförmig, breit und flach.
–100 cm: **Esox lucius,** Hecht, ein Raubfisch.

9′ Kiefer ohne Zähne 10

10 Bauchkante scharf und sägeförmig. Schuppen groß, leicht
abfallend. Mit langen Reusendornen am 1. Kiemenbogen
(Fig. 16):   8. *Clupeidae*, Heringe … Nord- und Ostsee, laichen in Flüssen:

Fig. 16. Finte.   Fig. 17. Finte,
                                             Reusendornen.

a) Rücken mit einer Reihe schwarzer Flecken. Gegen
   40 Reusendornen (Fig. 17).
   –35 cm: **Clupea finta**, Finte.
b) Nur ein schwarzer Fleck hinter dem Kopf. Etwa
   100 Reusendornen.
   –70 cm: **C. alosa**, Maifisch.
10' Keine sägeförmige Bauchkante. Schuppen festsitzend.
Am letzten Kiemenbogen mit »Schlundzähnen«
(Fig. 31, 32, S. 39): 9. *Cyprinidae*, Weißfische .. Seite 36
  4' Bauchflossen unter (Fig. 19) oder vor den Brustflossen,
oder nur in Gestalt eines kräftigen spitzen Stachels
(Fig. 18): **Physoclisti** **11**
11 Keine harten, spitzen Stacheln auf dem Rücken.
Rücken und Afterflosse ungewöhnlich lang:
          Anacanthini **12**
12 Kopf symmetrisch. Bauchflossen vor den Brustflossen:
        10. *Gadidae*, Schellfische.
a) Ein kurzer Bartfaden am Kinn.
   –60 cm: **Lota lota**, Quappe, Rutte, Trüsche, Ruffolch.
12' Beide Augen auf der selben, pigmentierten Seite:
       11. *Pleuronectidae*, Plattfische.
a) –50 cm: **Pleuronectes flesus**, Flunder … Nord- und
   Ostsee, geht auch in die Flüsse.
11' Mehrere harte spitze Stacheln auf dem Rücken (Fig. 19):
     Acanthopteri, Stachelflosser **13**
13 Einzeln stehende Stacheln vor der Rückenflosse (Fig. 18):
       12. *Gasterosteidae*, Stichlinge.

Fig. 18. Stichling.   Fig. 19. Barsch, vordere Rückenflosse mit
                             Stacheln. Bauchflosse unter der Brustflosse.

  a) 3–4 Rückenstacheln:
    –9 cm: **Gasterosteus aculeatus,** Stichling.
  b) 9–11 Rückenstacheln:
    –7 cm: **G. pungitius,** Kleiner Stichling.
13′ Die Rückenstacheln tragen die vordere Rückenflosse 14
14 Körper nackt und schleimig. Brustflossen sehr groß:
          13. *Cottidae,* Groppen.
  a) –13 cm: **Cottus gobio,** Groppe, Kaulkopf.
14′ Körper mit deutlichen, am Hinterrand gezähnten Schup-
    pen (Ctenoidschuppen). Brustflossen nicht vergrößert
    (Fig. 19):   14. *Percidae,* Barſche . . . . . Seite 42

Fam. **Salmonidae,** Edelfiſche.

Die Salmoniden, leicht kenntlich an ihrer kleinen, hinter
der großen Rückenflosse gelegenen »Fettflosse« (Fig. 15 *F*)
und ohne Bartfäden, gehören fast sämtlich wegen ihres Wohl-
geschmacks und wegen der ihnen mangelnden Fleischgräten
zu den am meisten geschätzten Speisefischen. Diese Familie
von Fischen ist hauptsächlich in den kalten Gewässern
des Nordens der Alten und Neuen Welt zu Hause und dürfte
erst während der Eiszeit bei uns eingewandert sein, ohne
die Alpenkette zu überschreiten.
    Ebenso wie die Quappe (Vertreter der nordischen Ga-
diden, der Dorſche und Schellfiſche) haben fast alle unsere
Salmoniden die Gewohnheit beibehalten, im kalten Wasser,
d. h. zur Winterszeit zu laichen. Nur Aſche, Huchen und
Stint laichen im Frühjahr.
    Die Salmoniden mit weitem Maul sind ausgesprochene
Raubfische. Unter denen mit engem Maul, den Friedfischen,

sind die Arten von **Coregonus,** die Felchen, charakteristische
Seenbewohner, zum Teil ausgesprochene Planktonfresser.

Die Unterscheidung der Arten in der Gattung **Trutta**
macht große Schwierigkeit und ist ohne Untersuchung der
Bezahnung des »Vomer« (Fig. 21 *V*) oft fast aussichtslos. Es
ist sogar fraglich, ob Meerforelle, Seeforelle und Bachforelle nicht besser als eine einzige Art zu betrachten
wären.

Die sichere Unterscheidung der zahlreichen verschiedenen Formen von **Coregonus,** der Felchen oder Renken,
in den Seen der Voralpen ist eine noch ungelöste Aufgabe.
Diese ganz auf die Seen beschränkten Fische haben sich
fast in jedem der zahlreichen von ihnen bewohnten Seen
zu eigentümlichen, mehr oder weniger schwierig voneinander unterscheidbaren Lokalformen umgebildet. Bei ihrer
großen Variabilität ist schon die Unterscheidung der in
einem einzelnen See vorhandenen Formen mit großen
Schwierigkeiten verbunden. Wahrscheinlich dürften alle
voralpinen **Coregonus**-Formen auf nur wenige ursprüngliche Arten zurückzuführen sein, vielleicht nur auf zwei
Hauptformen, auf eine Bodenrenke, die in der Tiefe lebt
und sich hauptsächlich von den an den Boden gebundenen
Kleintieren nährt, und auf eine Schweberenke, deren Hauptnahrung das »Plankton«, die frei im Wasser schwebende,
hauptsächlich aus kleinen Krebstierchen bestehende Tierwelt bildet. Die neuesten Forschungen von Prof. Wagler
versprechen mehr Licht in die schwierige Systematik
dieser Gattung zu bringen. Bisher ist die Zahl der Reusendornen (Fig. 20) an dem ersten Kiemenbogen (nur bei Zergliederung des Fisches zu beobachten) noch das zuverlässigste, wenn auch ebenfalls recht variable Merkmal, um
wenigstens in den einzelnen Seen die verschiedenen Formen
zu unterscheiden.

1–6 Mundspalte groß, reicht unter das Auge. Zähne
    kräftig. Raubfische (Fig. 15, S. 29) **2**
2 Mund oberständig (nach oben, Fig. 28*b*, S. 35). Kinn
    vorstehend. Schuppen groß. Seitenlinie unvollständig.
    –15 (30) cm: **Osmerus eperlanus,** Stint . . . Nord- und
    Ostsee, dort auch im Süßwasser.
2′ Mund endständig (Fig. 28*a*). Schuppen sehr klein. Seitenlinie vollständig **3**

3 Am »Vomer« (vorn in der Mitte des Gaumens, Fig. 21 *V*)
ist hinterer schmaler Teil (Stiel) kurz und ohne Zähne,
nur vorderer breiter Teil (Platte) bezahnt, mit einer
Querreihe kräftiger Zähne (Fig. 25): **Salmo** **4**

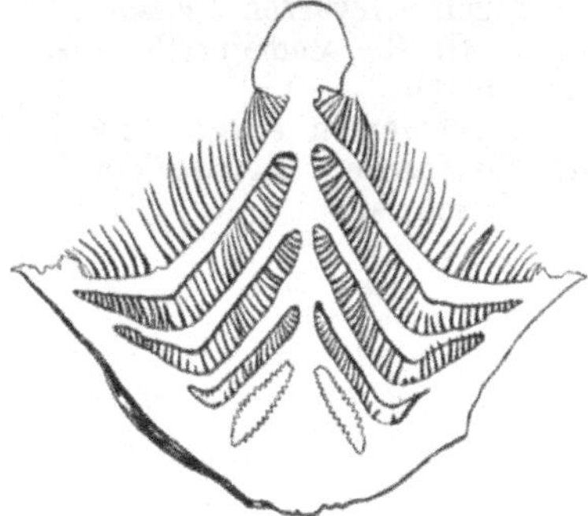

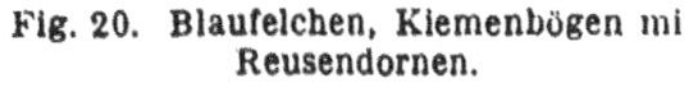

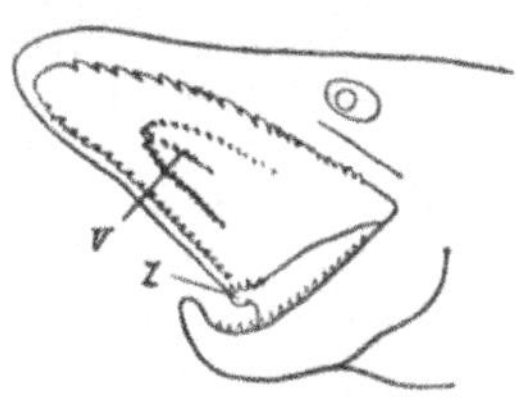

Fig. 21. Lachs ♂.
V Vomer (Pflugscharbein) mit Zähnen.
Z Zunge mit Zähnen.

Fig. 20. Blaufelchen, Kiemenbögen mit Reusendornen.

4 Paarige Flossen einfarbig. Körper drehrund, Seiten
rötlich, mit vielen kleinen, eckigen, schwarzen Flecken.
–150 cm: **S. hucho, 𝔥u𝔠en, ℜotfiſ𝔠**...Donaugebiet.

4′ Brust- und Bauchflossen mit milchweißem Vorderrand,
oft auch Afterflosse. Körperseiten mit kleinen, runden,
hellen Flecken. Bauch zur Laichzeit rot:
a) –50 cm: **S. salvelinus, 𝔖aibling** . . . Alpenseen.
b) Weißer Flossenrand ist schwarz begrenzt. Rücken
marmoriert. Bauch oft gelbrot.
–45 cm: **S. fontinalis, 𝔓a𝔠ſaibling**...stammt aus
Amerika.

3′ Am Vomer ist der Stiel lang und stets bezahnt (Fig. 22–24):
Trutta **5**

5 Vorderer Teil des Vomer unbezahnt, Stiel nur mit einer
Längsreihe von Zähnen (fallen im Alter öfter aus).
Körper »komprimiert« (höher als breit). Seiten silberig, mit wenigen kleinen schwarzen Flecken. ♂ zur
Laichzeit mit hakigem Unterkiefer (Fig. 21, 22).
–150 cm: **T. salar, 𝔏a𝔠s, 𝔖alm,** in der Jugend 𝔖älm-
ling ... Nord- und Ostsee, laicht in Flüssen.

5′ Auch Vorderteil des Vomer mit 4–5 Zähnen in einer
     Querreihe (Fig. 23, 24) **6**
6 Vomerstiel mit einer unregelmäßigen Längsreihe von
     Zähnen (Fig. 23). Körper weniger komprimiert.
  a) Seiten silberig mit wenigen schwarzen Flecken:
     –70 cm: T. trutta, Meerforelle, Lachsforelle .. Nord-
     und Ostsee, laicht in Flüssen.
  b) Seiten mit zahlreichen schwarzen eckigen Flecken:
     –70 cm: T. lacustris, Seeforelle .. Seen der Voralpen,
     wo sie der köstlichste Fisch ist.

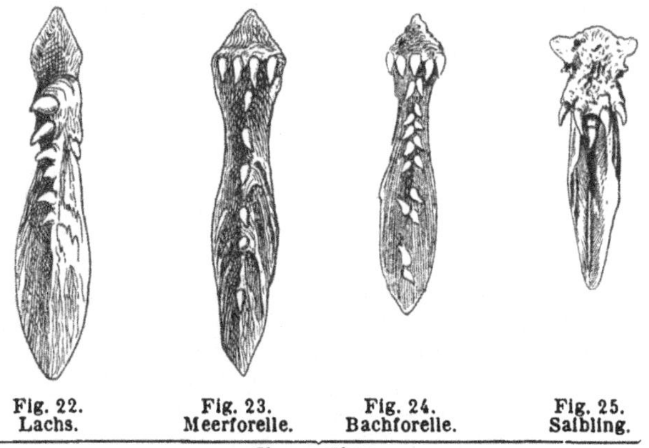

Fig. 22.   Fig. 23.   Fig. 24.   Fig. 25.
Lachs.   Meerforelle.   Bachforelle.   Saibling.

Vomerzähne.

6′ Vomerstiel mit doppelter Längsreihe von Zähnen.
     (Fig. 24). Kaum komprimiert.
  a) Seiten gelblich, mit roten, auch schwarzen Flecken:
     –40 cm: T. fario, Forelle, Bachforelle,
     der geschätzteste Fisch in allen Gebirgsbächen.
  b) Seiten mit rötlich schimmerndem Längsband:
     –40 cm: T. iridea (shasta), Regenbogenforelle ...
     stammt aus Amerika, wegen ihrer Schnellwüchsigkeit
     sehr geschätzt und viel gezüchtet.
1′ Mundspalte klein, reicht nicht bis zum Auge. Zähne
     sehr schwach oder fehlen. Schuppen deutlich. Fried-
     fische. **7**

7 Rückenflosse viel länger und höher als Afterflosse.
–50 cm: **Thymallus vulgaris, Äſche.**

7′ Rückenflosse kaum größer als Afterflosse. Schuppen
fallen leicht ab: **Coregonus, Maränen, Felchen, Renken,
Balchen,** leben in Seen oder im Meer 8

8 Aus Nord- und Ostsee und dem benachbarten Süßwasser 9

9 Mund oberständig (nach oben gerichtet, Fig. 28 b). Kinn
paßt in eine Grube des Oberkiefers.
–15 (35) cm: **C. albula, Kleine Maräne, Marente.**

9′ Mund unterständig (Fig. 28 c). Keine Kinngrube . 10

10 Schnauze ragt als spitze Nase weit vor die Mundspalte.
–50 cm: **C. oxyrhynchus, Schnäpel.**

10′ Schnauze ragt wenig vor.
–60 (100) cm: **C. maraena** (lavaretus), **Maräne,
Wandermaräne, Madümaräne.**

8′ Aus dem Bodensee (ähnliche Formen in allen Voralpenseen) 11

11 Unterränder des Unterkiefers nach hinten gleichmäßig
divergierend (Fig. 26). Mund unterständig. Schnauze
stumpf. Weniger als 26 »Reusendornen« (Fig. 20) auf
dem 1. Kiemenbogen. Bodenfische (**C. balleus**-Gruppe) 12

12 Rücken fast gerade, ca. 25 Reusendornen.
–60 cm: **C. fera, Sandfelchen, Bodenrente** (C. schinzi,
Balchen in Luzern, **Weißfelchen** ·in Zürich).

12′ Rücken vorn gekrümmt (bucklig). 17–21 Reusendornen:
–35 cm: **C. hiemalis** (acronius), **Kilch, Kropffelchen.**

Fig. 26. Kilch,
Unterseite des
Kopfes.

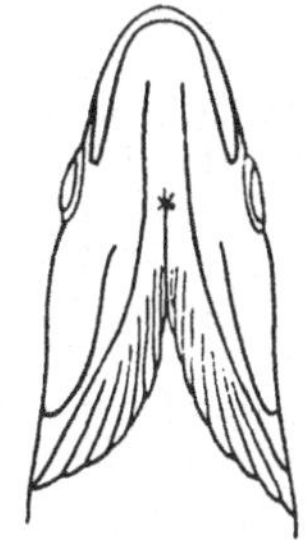

Fig. 27. Gangfisch,
Unterseite des
Kopfes.

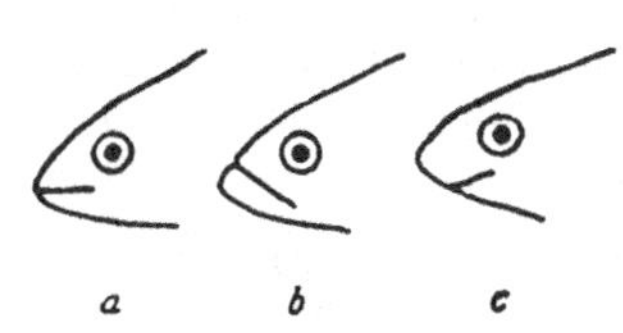

Fig. 28.
a Mund endständig
b oberständig
c unterständig.

11′ Unterränder des Unterkiefers sind in seiner vorderen
   Hälfte einander parallel (Fig. 27). Mund endständig.
   Schnauze spitz. Mindestens 33 Reusendornen. Rücken
   wenig gewölbt. Schwebefische, Planktonfresser (**C. disper-
   sus-**Gruppe) **13**
13 33–38 Reusendornen (Fig. 20, S. 33).
   –40 cm: **C. wartmanni,** Blaufelchen (**C. nobilis,** Edel-
   fifch in Luzern; Bläuling in Zürich; Renken in bayeri-
   schen Seen; Rheinanten im Chiemsee) ist der wichtigste
   Nutzfisch der Voralpenseen. Ist auch in die Vogesen-
   seen und in den Laacher See (Eifel) eingebürgert.
13′ 36–44 Reusendornen. Auge größer (Fig. 27).
   –30 cm: **C. macrophthalmus,** Gangfifch (**C. exiguus
   albellus,** Weißfifch in Luzern; Albeli in Zürich).

Fam. **Cyprinidae,** Weißfifche.

Für die Cypriniden sind höchst bezeichnend die»Schlundzähne« am letzten Kiemenbogen neben völligem Mangel von
Zähnen im Mund, sowie die 4 ersten Wirbel, die sonderbar
ausgebildet und miteinander verwachsen sind (ähnlich bei
den Siluriden) und Anlaß zur Bildung der »Weberschen
Knöchelchen« geben. Sie besitzen alle mehr oder weniger
zahlreiche »Fleischgräten«. Die Schlundzähne, deren Zahl
und Anordnung wertvolle Merkmale zur Bestimmung einzelner Arten ergeben, sind nur nach Zergliederung des Fisches
am hintersten Ende des Kopfes auf dem letzten Kiemenbogen zu beobachten (Fig. 31, 32, S. 39). Doch sind auch die
äußerlich sichtbaren Merkmale in der Regel schon völlig
genügend zur Artbestimmung.

In den Binnengewässern von Europa mit Asien bis zu den
Philippinen sowie in Nordamerika bilden Cypriniden die
Mehrheit der Fische. Bei uns gehört mehr als die Hälfte aller
Süßwasserfische zu ihnen. Es sind größtenteils Friedfische,
nur wenige, wie der Aitel und der Rapfen sind Raubfische.

1 6 oder mehr kleine Bartfäden. Körper langgestreckt, so
   breit als hoch. Schuppen winzig (Fig. 29) 2
2 10 Bartfäden. Mit Längsstreifen.
   –30 cm: **Misgurnus fossilis,** Schlammpeißger, Wetter-
   fifch (atmet Luft mit dem Enddarm).

2′ Nur 6 Bartfäden. Keine Längsstreifen 3
3 Unter dem Auge ein frei hervorragender Stachel. Flecken
  in Längsreihen.
  –12 cm: **Cobitis taenia, Steinpeißger.**
3′ Kein freier Stachel. Marmoriert.
  –15 cm: **Nemachilus barbatula, Bartgrundel, Schmerle.**

Fig. 29. Schlammpeitzger.

1′ Keine oder höchstens 4 Bartfäden 4
4 Basis der Rückenflosse 2–3mal so lang als Afterflosse.
  Körper hoch (Fig. 14, S. 28) 5
5 4 sehr kurze Bartfäden am Mund.
  –70 cm: **Cyprinus carpio, Karpfen,** unser wichtigster
  Nutzfisch.
      „Schuppenkarpfen" normal beschuppt, „Lederkarpfen"
      fast ohne Schuppen, „Spiegelkarpfen" mit Reihen von
      vergrößerten Schuppen.
5′ Ohne Bartfäden.
  –30 cm: **Carassius vulgaris, Karausche, Giebel.**
      Hierher gehört auch der aus China stammende „Gold-
      fiſch", C. auratus.
4′ Rückenflosse kaum länger als Afterflosse (Fig. 30). . 6
6 Schuppen winzig, oft undeutlich 7

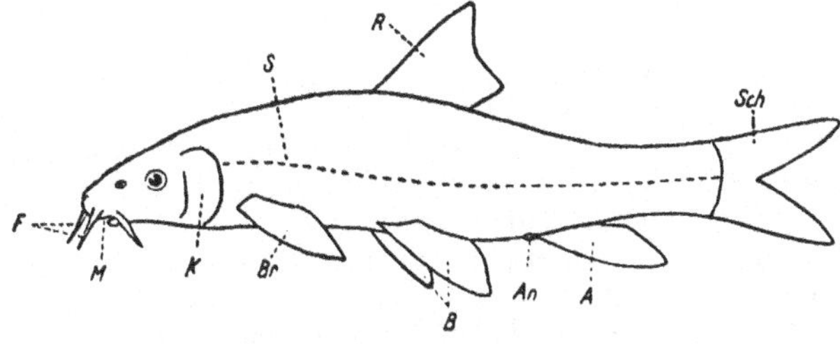

Fig. 30. Barbe.

A Afterflosse	K Kiemendeckel
An After	M Mund, unterständig
B Bauchflosse	R Rückenflosse
Br Brustflosse	S Seitenlinie
F Bartfäden	Sch Schwanzflosse

7 Mit 1 winzigen Bartfaden an jedem Mundwinkel. Haut
  schleimig. Grünlich. Alle Flossen abgerundet. Groß.
  -50 cm: **Tinca vulgaris**, Schleie (der geschätzteste Fisch
  der Familie). Goldschleie ist eine goldgelbe Zuchtrasse.
7' Ohne Bartfäden. Körper zylindrisch. Oft mit goldglän-
  zenden Streifen. Klein.
  -14 cm: **Phoxinus laevis**, Ellritze, Pfrille.
6' Schuppen größer, sehr deutlich 8
8 Seitenlinie auf den Vorderteil des Körpers beschränkt. 9
9 Seitenlinie auf den 5–6 ersten Schuppen. Körper hoch.
  ♀ mit Legeröhre, legt seine Eier in die Kiemen von
  Muscheln.
  -8 cm: **Rhodeus amarus**, Bitterling.
9' Seitenlinie auf den 8–12 ersten Schuppen. Körper niedrig. Mundspalte sehr steil.
  -12 cm: **Leucaspius delineatus**, Moderlieschen .. Norden.
8' Seitenlinie vollständig, bis zur Schwanzflosse . . . 10
10 Mit auffallenden Bartfäden. 11
11 Mit 4 Bartfäden (Fig. 30). Einfarbig. Groß.
  -70 cm: **Barbus fluviatilis**, Barbe (ihr Rogen gilt als
  giftig).
11' Mit 2 Bartfäden. Gefleckt. Klein: **Gobio**.
  a) Mund unterständig. Augen weit auseinander, seitlich.
    -15 cm: **G. fluviatilis**, Greßling, Gründling.
  b) Mund endständig. Augen nahe beieinander, nach oben.
    -12 cm: **G. uranoscopus**, Steingreßling .. Donaugebiet.
10' Ohne Bartfäden 12

12—20 Afterflosse (Basis) nicht länger als Rückenflosse,
  mit höchstens 12 weichen Strahlen 13
13 Mund bildet eine Querspalte auf der Unterseite, mit
  schneidend harten Lippen. Schnauze ragt stark vor.
  -50 cm: **Chondrostoma nasus**, Nase.
13' Mund mit weichen, nicht schneidenden Lippen. Schnauze
  ragt nicht auffallend vor. 14
14—17 Hoch, Körperhöhe viel größer als Kopflänge . 15
15 Zwischen Seitenlinie und Rückenflosse 9–10 Längsreihen
  von Schuppen. 2 Reihen Schlundzähne (wie Fig. 32).
  -60 cm. **Idus melanotus**, Nerfling, Aland.
  („Goldorfe" ist eine goldgelbe Zuchtrasse.)

15′ Über der Seitenlinie nur 7–8 Schuppenreihen . . . **16**

16 Bauch hinter der Bauchflosse mit scharfer Kante aus dachförmig geknickten Schuppen. Mundspalte sehr steil. Seiten messingglänzend. Flossen rot. 2 Reihen Schlundzähne (Fig. 32).
–30 cm: **Scardinius erythrophtalmus**, Rotfeder.

16′ Bauch abgerundet. Mundspalte nicht steil. 1 Reihe Schlundzähne (Fig. 31). **17**

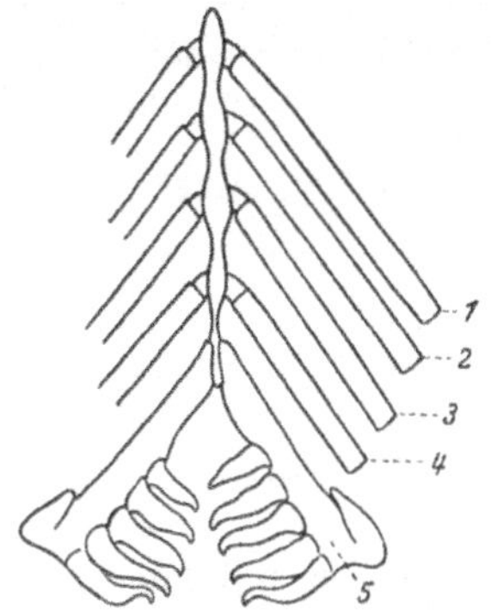

Fig. 31. Rotauge, Kiemenbögen, der letzte (5) mit Schlundzähnen.

Fig. 32. Rotfeder, Schlundzähne in 2 Reihen.

17 Große derbe Schuppen mit Metallglanz. Mund unterständig (s. Fig. 28, S. 35).
–40 cm: **Leuciscus virgo**, Frauennerfling . Donaugebiet.

17′ Schuppen nicht besonders groß und derb. Mund endständig. Paarige Flossen rot.
–30 cm: **Leuciscus rutilus**, Plötze, Rotauge, Rottler . . . überall sehr häufig.

14′ Gestreckt. Körperhöhe gleicht etwa der Kopflänge **18**

18 Zwischen Seitenlinie und Rückenflosse 9–10 Schuppenreihen. Schuppen klein. Mit Laichausschlag von großen gelblichen Warzen. 1 Reihe Schlundzähne.
–70 cm: **Leuciscus meidingeri**, Perlfisch . . . Bayerische Seen.

18′ Über der Seitenlinie 7–8 (9) Reihen größerer Schuppen. 2 Reihen Schlundzähne **19**

19 Schwärzliches scharfes Längsband über der Seitenlinie, sehr deutlich zur Laichzeit. Zylindrisch.
–22 cm: **Telestes agassizi, Strömer** ... Süddeutschland.

19′ Kein schwarzes Längsband **20**

20 Kopf dick. Augen um mehr als das Doppelte ihres Durchmessers getrennt. Zylindrisch. Mund endständig. Afterflosse mit konvexem Unterrand. Schuppen schwarz umsäumt.
–60 cm: **Squalius cephalus, Aitel, Döbel, Furn, Schupp-fisch** ... Raubfisch.

20′ Kopf und Körper »komprimiert« (höher als breit). Augen näher beisammen. Mund unterständig. After-flosse mit konkavem Unterrand.
–30 cm: **Squalius leuciscus, Häsling, Hasel.**

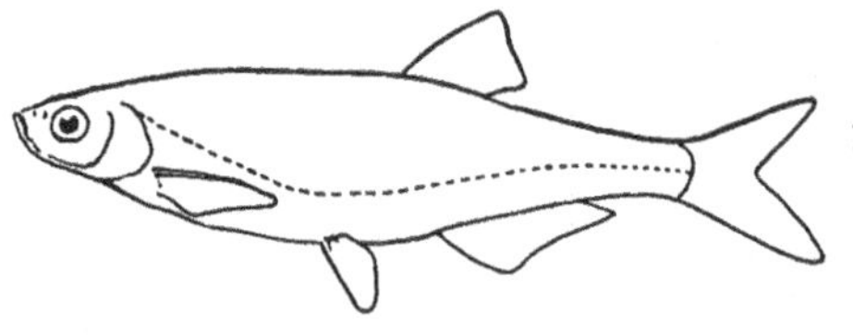

Fig. 33. Ukelei, Körper gestreckt.

12′ Afterflosse länger als Rückenflosse, mit mindestens 14 weichen Strahlen **21**

21–25 Körper gestreckt, nicht oder nur wenig höher als Kopflänge. Das Kinn kann vor der Mundspalte vor-ragen, die Schnauze nie (Fig. 33). **22**

22 Brustflosse viel länger als Kopf. Körper stark kom-primiert. Rücken ganz gerade. Rücken- und Bauchflosse sehr klein. Mundspalte sehr steil. Seitenlinie wellig.
–40 cm: **Pelecus cultratus, Ziege, Sichling** ... fehlt im Rheingebiet. Sehr selten.

22′ Anders gebaut. **23**

23 Mundspalte reicht bis unter das Auge. Bauch gerundet. Seitenlinie mit 65–70 Schuppen, darüber 11–12 Reihen.
–80 cm: **Aspius rapax, Rapfen, Schied** ... Raubfisch, fehlt im Rheingebiet.

23′ Mundspalte reicht nicht bis Auge. Bauch kantig: **Alburnus** **24**

24 Mundspalte nicht steil. Seitenlinie mit Doppelreihe schwarzer Punkte, mit 40–50 Schuppen.
–12 cm: **A. bipunctatus, Schneider.**

24′ Mundspalte steil. Seitenlinie ohne schwarze Punkte 25

25 Kinn wenig verdickt. Seitenlinie mit 46–53 Schuppen.
–20 cm: A. lucidus, Laube, Ukelei (Fig. 33) ... häufig.

25′ Kinn stark verdickt. Seitenlinie mit 65–68 Schuppen.
–30 cm: A. mento, Mairenke, Schiedling ... Bayerische Seen.

21′ Körper hoch, viel höher als Kopflänge, stark komprimiert. Schnauze kann über die Mundspalte vorragen,
Kinn niemals (Fig. 34): **Abramis** 26

26 Afterflosse sehr lang, über 3 mal so lang als Rückenflosse, mit über 35 Strahlen. Körper nicht sehr hoch 27

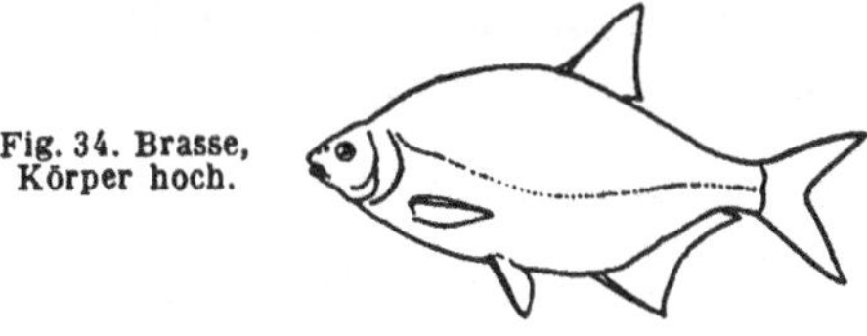

Fig. 34. Brasse,
Körper hoch.

27 Schnauze stumpf, verdickt, kaum vorragend. Seitenlinie mit ca. 50 Schuppen.
–30 cm: A. sapa, Zobel ... Donaugebiet.

27′ Schnauze nicht verdickt, spitz. Seitenlinie mit ca.
70 Schuppen.
–35 cm: A. ballerus, Zope, Pleinzen ... fehlt im Süden.

26′ Afterflosse kürzer, etwa 2 mal so lang als Rückenflosse, mit weniger als 30 Strahlen 28

28 Fleischige Schnauze ragt deutlich über den Mund vor.
Afterflosse mit 17–20 Strahlen. Nicht sehr hoch.
–30 cm: A. vimba, Zährte, Rußnase ... fehlt im Rhein.

28′ Schnauze ragt kaum vor. Körper sehr hoch . . . 29

29 Auge klein, vom vorderen und unteren Kopfrand sehr
viel weiter entfernt als sein Durchmesser ist. Alle
Flossen grau. Afterflosse mit 23–28 Strahlen. Nur 1 Reihe
Schlundzähne (Fig. 34).
–70 cm: **A. brama**, Braſſen, Brachſen, Blei.

29′ Auge groß, vom vorderen und unteren Kopfrand um
weniger als sein Durchmesser entfernt. Flossen z. T. rot.
Afterflosse mit 19–23 Strahlen. 2 Reihen Schlundzähne.
–30 cm: **Blicca björkna**, Blicke, Güſter, Halbbrachſen.

Fam. **Percidae,** Barſche.

Die Barſche, leicht kenntlich an ihrem beschuppten Körper mit 2 Rückenflossen, von denen die vordere von kräftigen Stacheln (Fig. 19, S. 31) gestützt ist, bilden die einzige Familie von **Physoclisti,** von der mehr als 1 (2) Art unsere Binnengewässer bewohnt, die Hälfte von ihnen allerdings nur das Donaugebiet. Es sind Raubfische. Mehrere Arten dieser Familie wurden aus Nordamerika bei uns eingeführt. Der Zander ist sehr geschätzt als Speisefisch.

1–4 Beide Rückenflossen etwa gleich hoch **2**
2 Rückenflossen zusammenhängend, klein gefleckt:
    Acerina
    a) Rücken grünlich mit dunklen Flecken. Körper nicht auffallend verlängert.
       –20 cm: **A. cernua,** Raulbarſch..auch in der Schweiz.
    b) Rücken gelb mit schwarzen Längsstreifen. Langgestreckt, breiter als hoch.
       –20 cm: **A. schraetzer,** Schräßer ... Donaugebiet.
2′ Rückenflossen getrennt, meist nicht gefleckt. Rücken mit breiten Querbinden **3**
3 Rückenflossen weit getrennt. Schnauze stark vorragend. Mund unterständig. Körper gestreckt, viel breiter als hoch: **Aspro** ... nur im Donaugebiet:
    a) Rückenflosse mit 13–15 Stacheln.
       –35 cm: **A. zingel,** Zingel.
    b) Rückenflosse mit 8–9 Stacheln.
       –16 cm: **A. streber,** Streber.
3′ Rückenflossen unmittelbar hintereinander. Schnauze ragt nicht vor. Mund endständig **4**
4 Zwischen den Bürstenzähnen verlängerte Fangzähne. Kiemendeckel ohne Dorn. Kopf hechtähnlich. Flossen nicht rot. Rückenflossen gefleckt. Zylindrisch.
    –50 cm: **Lucioperca sandra,** Zander, Schill, Amaul ... fehlte im Rheingebiet.
4′ Keine verlängerten Fangzähne. Kiemendeckel mit 1 Dorn. Flossen z. T. rot. 1. Rückenflosse hinten mit einem schwarzem Fleck. Querbinden auffallend. (Fig. 19).
    –35 cm: **Perca fluviatilis,** Barſch, Flußbarſch.

1' Vordere Rückenflosse viel niederer als hintere:
   Grystes ... stammen aus Nordamerika:
   a) Seiten gefleckt. Maul bis unter das Auge.
      –50 cm: G. nigricans, Schwarzbarsch.
   b) Seiten mit breitem dunklem Längsband. Maul bis
      hinter das Auge.
      –60 cm: G. salmoides, Forellenbarsch.

---

3. Klasse AMPHIBIA, Lurche.

1. Ordnung: **Gymnophiona,** wurmähnliche Formen ohne
   Schwanz und ohne Gliedmaßen, finden sich
   lebend nur in den Tropengebieten zwischen
   den Wendekreisen.
2. Ordnung: **Urodela,** Schwanzlurche oder Salamander.
3. Ordnung: **Anura,** Froschlurche.

Die altertümlichsten Amphibien, die STEGOCEPHA-
LIA, kennt man nur in fossilen Resten aus der Stein-
kohlen- und Permzeit bis zur Trias, wo sie die Größe von
großen Krokodilen erreichten. Sie zeigen noch ein um-
fangreiches Hautskelet und häufig noch einen knöchernen
Schuppenpanzer. Moderne Amphibien mit nackter Haut
wie unsere Salamander und Froschlurche kennt man erst
seit der Kreidezeit. Deren Haut ist mit mehr oder weniger
zahlreichen Drüsen versehen, die auf ihrer Oberfläche kleinere oder größere Warzen bilden. So finden sich bei der
Gattung **Salamandra** und unter den Kröten bei der Gattung **Bufo** hinten am Kopf 2 umfangreiche »Ohrendrüsen«
mit zahlreichen Poren (Fig. 40 *P*, S. 48).

In ihrer Jugend atmen die Amphibien noch mit Kiemen,
die Larven der Salamander mit äußeren, die Kaulquappen
der Froschlurche mit inneren. Erst nach ihrer Metamorphose tritt Lungenatmung ein und die Fähigkeit, auch
außerhalb des Wassers zu leben. Die Gliedmaßen ent-
wickeln sich erst während der Larvenzeit.

Die Wassersalamander und alle Froschlurche sind ovipar und legen sehr kleine Eier mit einer Gallerthülle (Laich)
in großer Menge ab, die Erdsalamander sind vivipar. Der
Feuersalamander bringt 1–4 Dutzend Junge mit Kiemen
(Larven) und bereits mit Gliedmaßen zur Welt, der Alpen-

falamanber nur 2 Junge, die ihre Kiemen schon vor der Geburt zurückgebildet haben und gleich mit Lungen wie die Erwachsenen atmen.

Alle Amphibien sind an feuchte Örtlichkeiten gebunden. Den Winter bringen sie in erstarrtem Zustand im Schlamm oder in anderen Verstecken zu. Die Erwachsenen sind ausschließlich Kleintierfresser.

Schwanzlurche finden sich in der Alten und Neuen Welt nur nördlich vom Äquator und nur in gemäßigtem Klima. Ihre Larven sind nur Kleintierfresser. Die Wasserfalamanber finden sich nur in oder an stehenden Gewässern.

Der stattliche Rückenkamm beim männlichen Kammmolch und dem kleinen Teichmolch ist nur während der Laichzeit in seiner vollen Schönheit entwickelt, kann sich aber unter ungünstigen Verhältnissen sehr rasch zurückbilden.

1 Ohne Schwanz: ANURA, Froschlurche ... Seite 46

1′ Mit Schwanz 2

2 Körper kugelig oder kurz walzenförmig, mit scharf abgesetztem Schwanz. Nur im Wasser: Kaulquappen, die Larven von Anura . . . . Seite 46

2′ Körper gestreckt, geht allmählich in den langen Schwanz über: URODELA, Schwanzlurche, Salamander, Molche 3

3–8 Ohne äußere Kiemen 4

4 Schwanz drehrund. Jederseits eine sehr große »Ohrendrüse« hinten am Kopf. Vivipar:
    Salamandra, Erdsalamander 5

5 Einfarbig schwarz.
    –14 cm: S. atra, Alpensalamander ... Alpen.

5′ Schwarz mit gelben Flecken:
    –20 cm: S. maculosa, Feuersalamander ... fehlt im Norden.

4′ Schwanz seitlich zusammengedrückt. Ohne Ohrendrüse.
    ♂ mit Rückenkamm und auffallend verdicktem After.
    ♀ ohne Rückenkamm. Ovipar:
    Molge (Triton), Wassersalamander . . . 6

6 Oberseite schwärzlich bis bläulich. Bauch grell gelb oder gelbrot 7

7   Bauch gelb mit schwarzen Flecken. Seiten oft mit weißen Körnchen. ♂ mit hohem Rückenkamm.
    –16 cm: **M. cristata**, Kammmolch.

7′   Bauch gelbrot ohne Flecken, auf den Seiten mit blauen Flecken. ♂ mit niedriger bunter Rückenleiste.
    –10 cm: **M. alpestris**, Bergmolch ... Bergland.

6′   Oberseite hellbraun, Kopf mit schwärzlichem Längsband. Bauch hell, selten lebhaft gefärbt 8

8   Bauch gefleckt. ♂ mit hohem Rückenkamm.
    –8 cm: **M. vulgaris** (taeniata), Teichmolch, Streifenmolch.

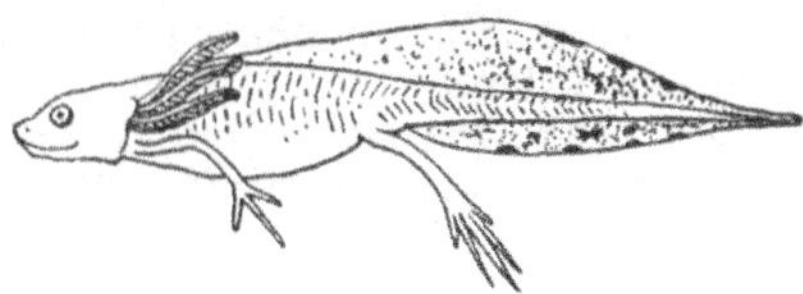

Fig. 35. Kammolch, Larve
mit äußeren Kiemen.

8′   Bauch nicht gefleckt (wenigstens in der Mitte). Rumpf mit Seitenkante. ♂ mit niederer Rückenleiste, Schwanz mit dünnem Endfaden.
    –9 cm: **M. palmata** (helvetica), Fadenmolch . . . Westen, bis zum Harz, Bergland.

3′   Mit äußeren Kiemen und seitlich zusammengedrücktem Schwanz. Auge goldglänzend. Larven 9

9   Schwanzende breit abgerundet. Gelblicher Fleck oben an der Wurzel der Gliedmaßen:
    Salamandra maculosa.

9′   Schwanzende spitz. Kein gelber Fleck: **Molge.**

   a) Mit sehr langen spitzen Zehen, Schwanzende lang zugespitzt (Fig. 35):
      M. cristata.

   b) Mit kleinen Augen gleich dem Raum zwischen den Nasenlöchern: **M. alpestris.**

   c) Mit größeren Augen. Rückenflosse bis zum Nacken:
      M. vulgaris.

   d) Ebenso, aber Rückenflosse kürzer:
      M. palmata.

Ordnung **Anura,** Froſchlurche.

　　Frösche und Kröten sind über alle Erdteile verbreitet. In den Tropen spielen die kletternden „Baumfröſche" mit Saugscheiben am Ende der Zehen eine hervorragende Rolle; sie sind bei uns nur durch den Laubfroſch vertreten, der seine gewöhnlich grüne Farbe in Braun oder Grau abändern kann. Zur Laichzeit gehen alle Arten ins Wasser.

　　Die Larven finden sich nur in stehenden Gewässern. Es sind die geschwänzten Kaulquappen, die bei der Metamorphose ihren Schwanz zurückbilden und Gliedmaßen erhalten (Fig. 36). Sie nähren sich hauptsächlich von abgestorbenen Pflanzen und Tieren.

　　Am weitesten nach Norden und am höchsten in den Gebirgen geht der Grasfroſch, **Rana temporaria.**

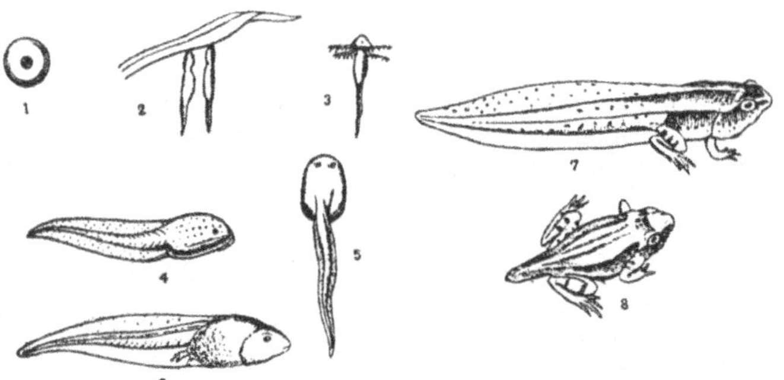

Fig. 36. Entwicklung der Kaulquappe vom Ei (*1*) bis zum fast schwanz-
losen Frosch (*8*).

1–11 Ohne Schwanz. Mit sehr kräftigen Beinen 2
2–7 Oberseite größtenteils glatt 3
3 Finger und Zehen enden mit runden Saugscheiben; kann damit klettern. Oberseite meist einfarbig grün. ♂ mit Kehlblase.
–4 cm: **Hyla arborea,** Laubfroſch . . . Laich in kleinen Klumpen, Ende April.
3′ Finger und Zehen enden spitz. Oben meist mit Flecken 4
4 Trommelfell (vergl. Fig. 40*T*) undeutlich. Pupille senk-

recht. Hinter der kürzesten Hinterzehe unten eine schaufelförmige große Hornplatte.

–7 cm: **Pelobates fuscus, Knoblauchkröte** ... Laich in einer dicken Schnur, Anfang April. Lebt unterirdisch.

4′ »Trommelfell« (hinter dem Auge) rund, sehr deutlich: **Rana, Fröſche** ... Laich in großen Klumpen 5

5 Trommelfell hell. Oben grünlich, meist mit schmalem gelblichem Mittelstreif. ♂ mit ausstülpbaren Schallblasen hinter den Mundwinkeln ... laichen Ende Mai. Leben am und im Wasser.

   a) Oben grün. Oberschenkel hinten gelb und schwarz.
   –9 cm: **R. esculenta, Waſſerfroſch, Teichfroſch.**

   b) Oben olivengrün. Oberschenkel hinten hell und dunkelgrün.
   –15 cm: **R. ridibunda, Seefroſch** ... vereinzelt.

Fig. 37. Springfrosch, mit schwarzem Schläfenfleck.

5′ Trommelfell mit Umgebung (S c h l ä f e n f l e c k) dunkelbraun (Fig. 37). Oben braun. Ohne Schallblasen. Leben am Land 6

6 Körper kürzer als doppelter Oberschenkel (oder Oberschenkel mit Unterschenkel). Trommelfell fast so groß als Auge. »F e r s e n h ö c k e r« (hinter der kürzesten Hinterzehe (vergl. Fig. 38)) hart, kürzer als halbe Zehe. ♂ ohne schwarze Daumenschwiele (Fig. 37).

–7 cm: **R. agilis, Springfroſch** ... Laich schwimmend, Ende März. Süddeutschland.

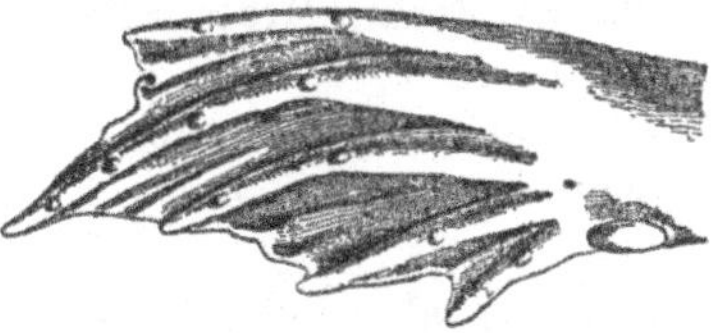

Fig. 38. Grasfrosch, Hinterfuß mit Fersenhöcker hinter der kleinsten (5.) Zehe.

Fig. 39. Grasfrosch, Vorderfuß des ♂ mit geteilter Daumenschwiele.

6′ Körper länger als doppelter Oberschenkel. Trommelfell viel kleiner als Auge. ♂ mit großer Daumenschwiele **7**

7 Fersenhöcker hornig und schaufelförmig, länger als halbe Zehe. Rücken meist mit breitem hellem Mittelstreif. Daumenschwiele nicht geteilt.
–6 cm:　　**R. arvalis, Moorfroſch**... laicht Anfang April.

7′ Fersenhöcker weich, kürzer als halbe Zehe. Daumenschwiele 4teilig (Fig. 38 und 39).
–8 cm:　　**R. temporaria** (fusca), **Gras- ober Taufroſch**
...laicht Mitte März.

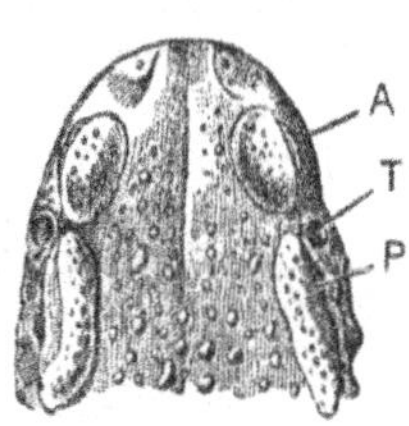

Fig. 40. Grüne Kröte.
A Auge
P Ohrendrüse (Parotiden)
T Trommelfell.

2′ Oberseite überall mit kleinen Warzen bedeckt . . . **8**

8 Ohrendrüse (dicker Wulst hinter dem Auge, Fig. 40 *P*) größer als Auge. Kiefer zahnlos: **Bufo, Kröten**...Laich in 2 dünnen Schnüren **9**

9 Rücken mit schmalem gelbem Mittelstreif:
　　　B. calamita, Kreuzkröte . . . . laicht Ende April. Lebt unterirdisch.

9′ Rücken ohne Mittelstreif **10**

10 Oberseite bis zum Mundrand mit großen, scharf begrenzten grünlichen Flecken.
–8 cm:　　**B. viridis** (variabilis), **Grüne Kröte, Wechselkröte** . . . laicht Ende April.

10′ Oberseite bräunlich, ohne auffallende Zeichnung.
–12 cm:　　**B. vulgaris, Gemeine Kröte**...laicht Ende März.

8′ Ohrendrüse fehlt oder viel kleiner als Auge. Oberkiefer mit Zähnen **11**

11 Trommelfell rund, sehr deutlich. Bauch weißlich, ohne Flecken. ♂ wickelt sich die Laichschnüre um die Beine. -5 cm: **Alytes obstetricans,** Geburtshelferkröte . . . Westen. Bergland.

11′ Trommelfell undeutlich. Bauch grell gelblich und schwarz. -4 cm: **Bombinator,** Unken .. Laich in kleinen Klumpen. Lebt im Wasser.

   a) Bauch gelb mit schwarzen Flecken:
       B. pachypus, Bergunke. Laicht Anfang Mai.
Süden, im Bergland.

   b) Bauch schwarz mit gelbroten Flecken:
       B. igneus, Gemeine Unke ... Laicht Ende Mai.
Mehr im Norden, in der Ebene.

1′ Mit Schwanz. Zuerst ohne Beine. Körper kugelig bis walzenförmig: Larven, Kaulquappen (Fig. 41) **12**

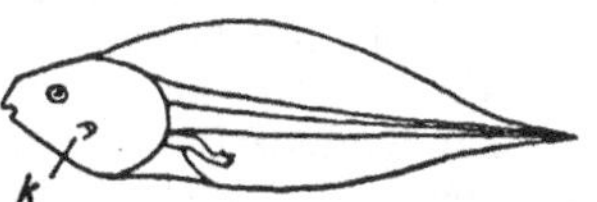

Fig. 41. Laubfrosch, Larve mit seitlicher Kiemenöffnung (*K*).

12 Kiemenloch in der Mittellinie des Bauches **13**
13 Kiemenloch vor der Mitte:
       Alytes obstetricans.
13′ Kiemenloch hinter der Mitte:
       Bombinator.
12′ Kiemenloch auf der linken Seite des Bauches . . **14**
14 Afterröhre nach rechts gerichtet **15**
15 Rückenflosse reicht fast bis zu den Augen (Fig. 41):
       Hyla arborea.
15′ Rückenflosse reicht nur bis Körpermitte:
       Rana.
14′ Afterröhre bleibt in der Mittellinie **16**
16 Kiemenloch nach hinten und aufwärts gerichtet. Schwanzende zugespitzt. Können bis 8 cm lang werden:
       Pelobates fuscus.
16′ Kiemenloch gerade nach hinten. Schwanzende abgerundet. Werden höchstens 4 cm lang:
       Bufo.

4. Klasse **REPTILIA, Kriechtiere.**

1. Ordnung: **Testudinata, Schildkröten.**
2. Ordnung: **Crocodilia, Krokodile,** leben nur in warmen Erdgegenden.
3. Ordnung: **Rhynchocephalia,** leben nur in einer einzigen
Art **(Sphenodon punctatum)** in Neuseeland.
4. Ordnung: **Squamata.**
    1. Unterordnung: **Lacertilia, Echsen.**
    2. Unterordnung: **Ophidia, Schlangen.**

Mit Sicherheit sind Rhynchocephalen seit der unteren, Schildkröten seit der oberen Trias, Krokodile seit unterem Jura, Eidechsen und Schlangen erst seit dem Tertiär bekannt. Fragliche Reste von Eidechsen liegen schon aus der Trias, von Schlangen aus der Kreide vor. Während der Sekundärzeit (Trias bis Kreide) waren Reptilien außerordentlich reich und mannigfaltig entwickelt und besonders zur Kreidezeit z. T. von riesiger Größe und groteskem Aussehen. In unserer heutigen Tierwelt finden sich nur noch ganz wenige der früher lebenden Reptiliengruppen.

Reptilien sind hauptsächlich Bewohner warmer Länder, in allen Tropen sehr zahlreich. Unser kälteres Klima vertragen nur wenige Arten. Am weitesten nach Norden und am höchsten in die Gebirge geht die Bergeidechse und die Kreuzotter.

Von Schildkröten kommt nur die Sumpfschildkröte wild in Deutschland vor, aber nur an wenigen Orten. Verwildert findet sie sich öfter, gelegentlich auch die 2 anderen europäischen Arten.

Von Echsen ist Blindschleiche, Zaun- und auch Bergeidechse bei uns fast überall verbreitet. Smaragd- und Mauereidechse sind südliche Arten, die in vielen Gegenden ganz fehlen. Von Schlangen findet sich Ringelnatter und Glatte Natter fast überall, Kreuzotter fehlt in einigen Gegenden. Die anderen sind südliche, nur von wenigen Örtlichkeiten bekannte Arten.

Die Reptilien legen große weiße Eier, die Schildkröten und Krokodile mit harter Kalkschale, die anderen mit derber weicher Schale. Blindschleiche, Bergeidechse, Glatte

Natter und die Giftschlangen sind lebendiggebärend (vivipar). Die Jungen sind sofort ganz selbständig.

Nur die Griechische Landschildkröte ist Pflanzenfresser, alle anderen reine Tierfresser. Die Schlangen verschlingen verhältnismäßig sehr große Tiere, Ringelnatter hauptsächlich Frösche, Würfelnatter Fische, Glatte Natter Eidechsen und Blindschleichen, die anderen wesentlich Mäuse und dergleichen.

Alle unsere Reptilien verbringen den Winter erstarrt in Verstecken.

1 Mit starrem knöchernem Rücken- und Bauchpanzer:
TESTUDINATA, Schildkröten 2

2 Rückenpanzer stark gewölbt. Füße säulenförmig, mit stumpfen Nägeln:
−25 cm: **Testudo graeca, Griechische Landschildkröte**
... Südeuropa, häufig in Gefangenschaft.

2′ Rückenpanzer schwach gewölbt. Füße mit Schwimmhäuten und scharfen Krallen. Leben im Wasser . . 3

3 Brückenteil des Panzers (verbindet Bauch- und Rückenpanzer) länger als Vorderlappen des Bauchpanzers. Rückenpanzer mit aufgebogenem Seitenrand:
−20 cm: **Clemmys caspica, Flußschildkröte** ... Südosteuropa.

3′ Brückenteil des Panzers kürzer als Vorderlappen des Bauchpanzers. Seitenrand des Panzers nicht aufgebogen:
−18 cm: **Emys orbicularis (lutaria), Sumpfschildkröte** ... vereinzelt in Deutschland.

1′ Ohne Panzer. Nur mit Schildern oder Schuppen bedeckt:
SQUAMATA (Lepidosauria, Tocosauria) 4

4–8 Bauch mit mehreren Längsreihen von Schildern (Fig. 43):   **Lacertilia, Echsen** 5

5 Ohne Füße. Alle Schuppen glatt. Kopf nicht abgesetzt:
Anguidae:
a) Meist längsgestreift.
−40 cm: **Anguis fragilis, Blindschleiche** ... vivipar.

5′ Mit 4 Füßen: *Lacertidae,* **Eidechsen** ... meist ovipar 6

6 Einer Querreihe von Bauchschildern entsprechen 3–4 Reihen der körnchenartigen Seitenschüppchen. Rücken wolkig gezeichnet.

    –20 cm: **Lacerta muralis, Mauereidechse** ... Südwestdeutschland.

6' Einer Querreihe von Bauchschildern entsprechen nur 2 Reihen der plättchenförmigen Seitenschüppchen . **7**

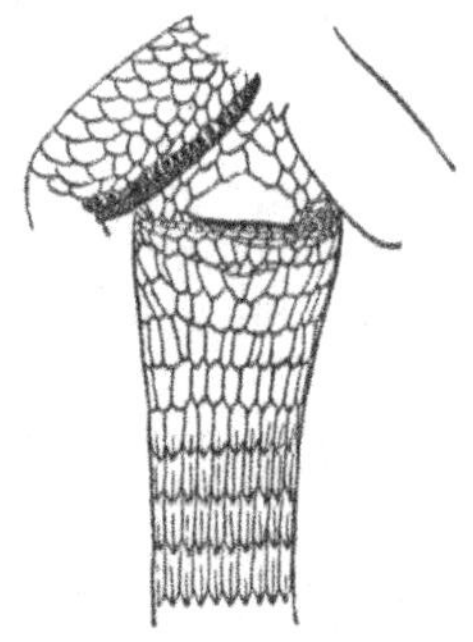

Fig. 42. Smaragdeidechse, Schwanzwurzel von unten.

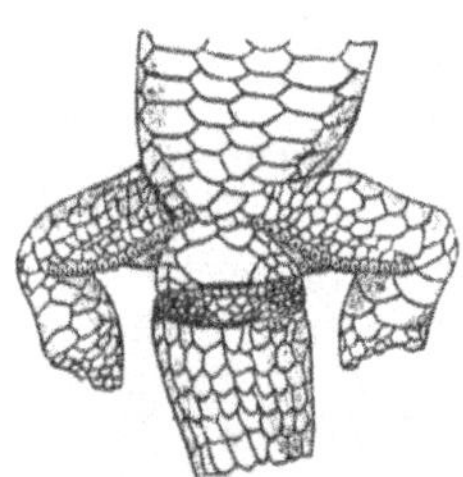

Fig. 43. Zauneidechse, Schwanzwurzel von unten.

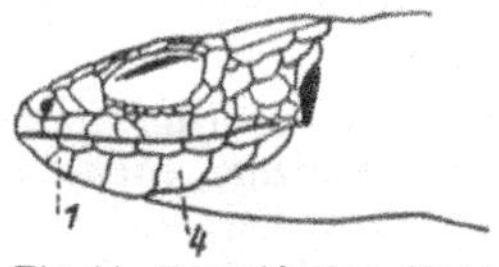

Fig. 44. Bergeidechse, Kopf. *1, 4* paarige Kehlschilder.

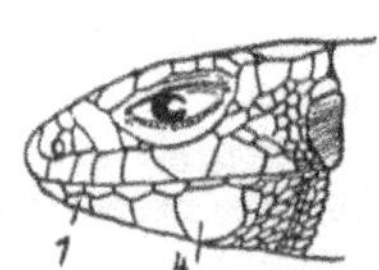

Fig. 45. Zauneidechse, Kopf. *1, 4* paarige Kehlschilder.

7 Schuppen auf der Unterseite des Schwanzes viel länger als breit (Fig. 42). Bauch ungefleckt. ♂ und ♀ grün.

    –35 cm: **L. viridis, Smaragdeidechse, Grüne Eidechse** ... vereinzelt.

7' Schuppen auf Unterseite des Schwanzes nicht oder nur wenig länger als breit (Fig. 43). Bauch gefleckt . . **8**

8 Am Unterkiefer das 5. paarige Kehlschild etwa halb so groß wie das 4. (Fig. 44). Hinter dem Nasenloch 3 an Höhe etwas zunehmende Schilder (Fig. 44), das letzte

vor dem Auge sehr groß. Kopf und Körper zierlich, klein. Stets braun. Vivipar.

–16 cm: **L. vivipara, Bergeibechſe** .. Berge und Moore.

8' Am Unterkiefer das 5. paarige Kehlschild viel kleiner als die Hälfte des 4. (Fig. 45). Hinter dem Nasenloch 2 (3) kleine Schilder übereinander (Fig. 45), dahinter ein viel größeres. Kopf und Körper viel plumper. ♂ grün, ♀ braun.

–20 cm: **L. agilis, Zauneibechſe.**

4' Nur 1 Längsreihe von breiten Bauchschildern. Hals schmäler als Kopf. Unterkieferäste gegen einander beweglich. Ohne Beine:

   Ophidia, Schlangen **9**

9–12 Oben zwischen den Augen mehr als 3 z. T. kleine Schilder quer nebeneinander (Fig. 47). Lippenschilder vom Auge getrennt durch 1 oder 2 Längsreihen kleiner Schilder (Fig. 48). Rückenschuppen mit sehr deutlichem Längskiel (wie auf Fig. 49K). Oberkiefer mit aufrichtbarem Giftzahn (Fig. 46). Meist ein breites dunkles Zickzackband längs des Rückens. Vivipar:

  Viperidae, **Vipern, Giftſchlangen** . . **10**

Fig. 46. Kreuzotter, mit aufgerichteten Giftzähnen (sind in Ruhe zurückgeschlagen und in einer Schleimhautfalte verborgen).

10 Kopf oben meist nur mit kleinen Schüppchen. Zwischen Auge und Lippenschildern zwei Längsreihen von kleinen Schildchen **11**

11 Schnauzenspitze mit scharfem aufgeworfenem Rand. –80 cm: **Vipera aspis, Aſpis** . . . Südlichster Schwarzwald. Schweizer Jura. Bei Metz.

11′ Schnauzenspitze mit aufrechtem weichem Horn.

–90 cm: **V. ammodytes,** Sandviper . . . Kärnten.

10′ Kopf oben mit einigen größeren Schildern. Zwischen Auge und Lippenschildern eine Längsreihe kleiner Schildchen. Schnauzenspitze abgerundet (Fig. 47, 48) . . **12**

12 Mit 21 Längsreihen von Schuppen.

–70 cm: **V. berus,** Kreuzotter, Kupfernatter (selten ganz schwarz, var. **prester,** Höllennatter).

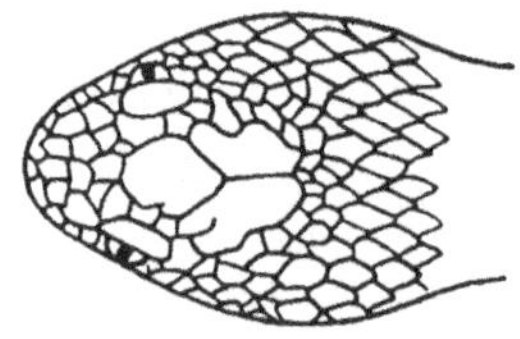

Fig. 47. Kreuzotter,
Kopf von oben.

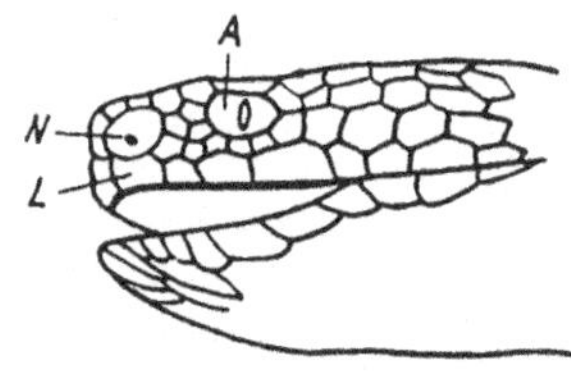

Fig. 48. Kreuzotter, Kopf.
A Auge
L 1. paariges Lippenschild
N Nasenöffnung.

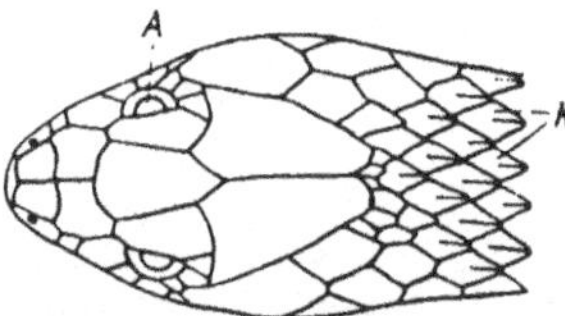

Fig. 49. Ringelnatter, Kopf von
oben.

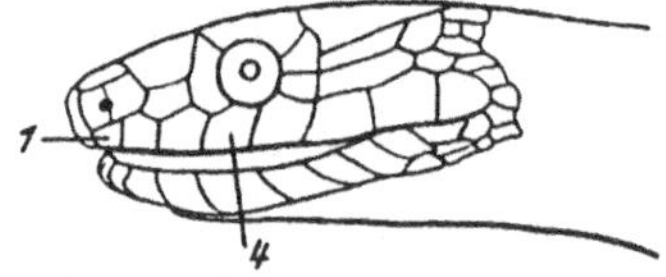

Fig. 50. Äskulapnatter.
1, 4 paarige Lippenschilder.

12′ Mit 19 Schuppenreihen.

–60 cm: **V. ursini,** Spitzkopfotter ... Österreich.

9′ Oben zwischen den Augen nur 3 große Schilder quer nebeneinander (Fig. 49). Lippenschilder grenzen an das Auge (Fig. 50). Ohne Giftzahn:

Colubridae, Nattern **13**

13 Rückenschuppen mit starkem Längskiel (Fig. 49*K*):

Tropidonotus, Wassernattern **14**

14 Hinter dem Kopf beiderseits mit gelbem (♂) oder weißlichem (♀) großem Mondfleck.

–125 cm: **T. natrix,** Ringelnatter.

14′ Ohne Mondfleck. Bauch gelb und schwarz gewürfelt.

–80 cm: **T. tesselatus,** Würfelnatter ... sehr vereinzelt.

13′ Rückenschuppen ganz oder fast ganz glatt, ohne Kiel **15**
15 Oberer Augenrand springt leistenartig vor.
–200 mm: **Zamenis viridiflavus, Zornnatter**…Süd-
europa.
15′ Oberer Augenrand nicht vorspringend **16**

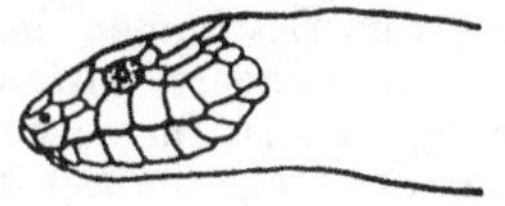

Fig. 51. Glatte Natter, Kopf.

16 Groß. Das 4. und 5. paarige Lippenschild grenzt an
das Auge (Fig. 50). Nur jung mit Spuren von Flecken.
–170 cm: **Coluber aesculapii (Elaphis longissimus),
Äskulapnatter** . . . Schlangenbad und Passau.
16′ Kleiner. Das 3. und 4. paarige Lippenschild grenzt
an das Auge (Fig. 51). Stets auffallend gefleckt, auch
am Kopf. Vivipar:
–75 cm: **Coronella austriaca (laevis), Glatte Natter,
Schlingnatter.**

5. Klasse **AVES**, Vögel.

Die hier angewandte Einteilung der Vögel in Land-
und Wasservögel und ebenso die weitere Einteilung in eine
Anzahl von Ordnungen ist nur aus dem Grund gewählt
worden, weil sie sich praktisch zum Bestimmen der Vögel
ungleich besser eignet als irgend eine andere, wissenschaftlich besser begründete Einteilung. Es ist im wesentlichen
die früher allgemein gebrauchte, der mehr die Lebensweise
zugrunde liegt, während sie den Verwandtschaftsbeziehungen
der Vögel weniger Rechnung trägt. So ist es zweifellos,
daß z. B. die Ordnungen der Raubvögel, der Langflügler
und der Taucher sehr heterogene Formen vereinigen, die
nicht näher mit einander verwandt sind, während allerdings die Ordnungen der Singvögel, Schreitvögel, Ruder-
füßler und Entenvögel ganz homogen sind. Was übrigens
die neuere Systematik der Vögel betrifft, so zeichnet sich
diese durch eine außerordentliche Unübersichtlichkeit aus,
ist auch z. T. nur mangelhaft begründet, wenn auch ohne
Zweifel viele Verwandtschaftsbeziehungen besser darin zum
Ausdruck gebracht sind, als es früher der Fall war. Die
Hauptgruppen der Vögel sind sämtlich bei uns vertreten
bis auf die Strauße (RATITAE), die auf die südliche Erd-
hälfte beschränkt sind.

Vielfach ist bei den Vögeln das Federkleid verschie-
dener Exemplare der gleichen Art, obwohl sie ihre end-
gültige Größe erreicht haben, sehr verschieden:

1. Männchen und Weibchen sind oft sehr verschieden.
Fast immer zeigt dann das Männchen (wie auch bei Tagfaltern) an Körperstellen, die beim Weibchen fleckig gefärbt sind, eine einheitliche, oft sehr auffallende Färbung,
die aber an verschiedenen Stellen des Körpers sehr verschieden sein kann. Öfter ist auch die Färbung beim Männchen auffallend greller als beim Weibchen, oder grell gefärbte
Körperstellen sind beim Männchen ausgedehnter als beim
Weibchen. Manchmal zeigen auch die Männchen besonders
ausgebildete Schmuckfedern, die den Weibchen fehlen. Sehr
auffallend ist der Geschlechtsunterschied besonders bei ge-
wissen Hühnervögeln und Entenvögeln, bei denen nur die

Männchen ein richtiges »Prachtkleid« tragen, was gelegentlich auch in anderen Vogelgruppen vorkommen kann. In solchen Fällen brütet nur das Weibchen in einem offnen Nest, weshalb es eine unauffällige, mit der Umgebung übereinstimmende Färbung zeigt.

2. Das Jugendkleid ist oft sehr verschieden von dem der älteren Vögel. Ist bei solchen Arten das Weibchen anders gefärbt als das Männchen, dann ähnelt das Jugendkleid auch des Männchens dem des erwachsenen Weibchens.

3. In verschiedenen Jahreszeiten kann das Kleid sehr verschieden sein. Bei Hühnern, Laufvögeln, Möven, Tauchern z. B. ist das Winterkleid oft recht verschieden vom Sommerkleid. Das Winterkleid zeigt viel mehr Weiß als das Sommerkleid, das gern größere schwarze Flächen oder eine rötliche Färbung zeigt. Bei Enten wird nach der Brutzeit das Prachtkleid abgelegt, aber schon vom Herbst ab wieder getragen.

Bei der großen Mehrzahl der Vögel ist auch in der Größe kein merklicher Unterschied zwischen beiden Geschlechtern zu sehen, wenn auch bei genaueren Messungen das Männchen sich oft als das größere erweist. Bei einigen Formen aber ist der Unterschied ein recht auffallender, und zwar gerade bei solchen, bei denen das Männchen sich schon durch besonderen Federschmuck oder durch sehr auffallende Färbung vom Weibchen unterscheidet, wie bei den Enten und Sägern, bei dem Kampfläufer und den Trappen, beim Fasan und vor allem beim Auer- und Birkhahn. Merkwürdigerweise ist umgekehrt bei allen Raubvögeln einschließlich der Eulen das Weibchen der stattlichere Vogel. Besonders auffallend ist der Unterschied beim Habicht und Sperber, aber auch beim Wanderfalk.

Von den bei uns zu beobachtenden Vögeln haben nur unsere »Brutvögel« als wirklich einheimische Vögel zu gelten. Es sind diejenigen, die bei uns nisten und hier ihre Jungen aufziehen, während alle übrigen nur als »Gäste« bei uns in Betracht kommen.

Andererseits lassen sich unter unseren Vögeln »Jahresvögel« und »Zugvögel« unterscheiden. Jahresvögel bleiben das ganze Jahr über bei uns im Lande, unter ihnen halten sich die »Standvögel« stets an der gleichen Örtlichkeit auf, während die »Strichvögel« außerhalb

der Brutzeit mehr oder weniger weit im Land umher-
streifen, einzeln oder in Gesellschaft. Gebirgsvögel ziehen
im Winter vielfach in die Täler oder in die Ebene. Doch
ist oft die gleiche Art an einem Ort Standvogel, an einem
anderen Strichvogel.

Die »Zugvögel« verlassen ihr Brutgebiet während der
kalten Jahreszeit, die sie in wärmeren Ländern verbringen.
Unter diesen werden als Zugvögel im engeren Sinn unsere
»Sommervögel« bezeichnet, die bei uns brüten, uns
aber bald früher bald später verlassen und für den Winter
nach dem Süden ziehen, manche wie der Storch bis nach
Südafrika. Andere Zugvögel brüten nicht bei uns, sondern
mehr oder weniger hoch im Norden und überwintern bei
uns als »Wintergäste«, oder sie halten sich als »Durch-
zugsvögel« auf ihrer Reise nach dem Süden mehr oder
weniger lang bei uns im Herbst auf und ebenso bei ihrer
Rückreise wieder im Frühjahr.

Schließlich gibt es noch eine Anzahl von Arten, die
seltener oder häufiger ganz unregelmäßig bei uns erscheinen,
aus irgend einem Grund zu uns verschlagen sind und als
»Irrgäste« bezeichnet werden.

Scharfe Grenzen zwischen diesen Kategorien von
Vögeln gibt es freilich nicht. So ist z. B. der Buchfink
und der Star ein echter Zugvogel bezw. Sommervogel,
aber einige Exemplare bleiben immer als Stand- oder
Strichvögel auch im Winter bei uns.

Es werden für Deutschland 220 Arten Brutvögel,
44 Arten Wintergäste, 30 Arten Durchzugvögel und 95 Arten
Irrgäste angenommen.

Die Rückkehr unserer Zugvögel aus dem wärmeren
Süden beginnt schon Ende Februar oder Anfang März
und verzögert sich bei einigen Arten bis in den Mai. Am
frühesten stellen sich, manchmal schon in den letzten
Tagen des Februar die Feldlerche, Weiße und Graue Bachstelze und Stare wieder ein. Die Hauptzugzeit im Frühjahr liegt zwischen Mitte März bis Mitte April. Gegen
Ende April erst erscheinen von Singvögeln die Rauch- und
Mehlschwalbe, Schafstelze, Neuntöter, die Fliegenschnäpper,
Gartenrotschwänzchen, Braunkehlchen, Nachtigall, Waldlaub-
vogel sowie die Grasmücken und die Rohrsänger, von Ra-
kenvögeln der Wendehals, Wiedehopf, Segler und Ziegenmelker, ferner Kuckuck, Turteltaube, Baumfalk und die See-

ſchwalben. Am spätesten treffen erst im Mai ein die Ufer-
ſchwalbe, Gartenſpötter und Pirol, sowie Wachtel und Wachtelkönig.

Mit dem Wegzug nach den Winterquartieren beginnen
die Segler schon Ende Juli. Im allgemeinen ziehen diejenigen Vögel am frühesten wieder weg, die am spätesten
im Frühjahr eingetroffen sind wie Gartenſpötter und Pirol,
die schon Anfang August ihr Brutgebiet verlassen. Der
Hauptzug währt von Mitte August bis Mitte oder Ende
September. Feldlerche und Stare verschwinden erst gegen
Ende Oktober und selbst erst im November. Im November ist der Herbstzug beendet.

Wintergäste und Durchzugvögel erscheinen schon vom
Juli an.

Die Brutzeit der Vögel, während deren sie auch ihre
Stimme in oft auffallender Weise hören lassen (Gesang),
fällt fast immer in das Frühjahr. Manche Singvögel haben
2, in günstigen Jahren sogar 3 Bruten nacheinander.
Kreuzſchnäbel brüten öfter mitten im Winter. Innerhalb
jeder natürlichen Vogelgruppe legen in der Regel die großen
Vertreter weniger Eier, die kleinen mehr Eier als die übrigen.
Durchschnittlich bilden 4—7 Eier ein Gelege, doch weichen
einige Gruppen stark davon ab. Besonders zahlreiche Eier
finden sich bei Hühner- und Entenvögeln, auch bei Rallen,
während umgekehrt Tauben stets nur je 2, Alke nur je
1 Ei ablegen, was sonst nur bei einigen meist großen
Arten in anderen Vogelgruppen vorkommt.

Unter den Landvögeln sind nur die Hühnervögel Nestflüchter, d. h. ihre Jungen verlassen gleich nach dem
Schlüpfen das Nest und suchen selbst ihre Nahrung. Alle
übrigen Landvögel sind Nesthocker, die längere Zeit
von den Eltern im Nest geatzt werden müssen, bis sie
flügge sind und das Nest verlassen können. Von den
Wasservögeln sind dagegen nur die Schreitvögel, die Ruderfüßer sowie die Alken Nesthocker, alle anderen ausgesprochene Nestflüchter. Die Eier der Nestflüchter sind verhältnismäßig größer als die der Nesthocker; bei den Alken
ist aber ihr einziges Ei sehr groß. In der Regel brüten
Nestflüchter am Boden, Nesthocker gern auf Bäumen oder
Felsen.

Die unter den Wasservögeln aufgeführten Arten sind fast sämtlich Tierfresser mit Ausnahme der Trappen und einer Anzahl von Entenvögeln, die auch Pflanzenkost zu sich nehmen. Sie beziehen auch ihre Nahrung aus dem Wasser oder auf mehr oder weniger nassem Boden. Nur die Trappen und der Triel lieben trockenen Boden. Auch die Landvögel sind größtenteils Tierfresser. Die Nahrung der Raubvögel besteht hauptsächlich aus Wirbeltieren, die der übrigen aus Kleintieren, besonders aus Insekten. Nur die Tauben sind ausschließlich, die Hühner und Finkenvögel hauptsächlich Pflanzen- bzw. Körnerfresser. Wenige wie die Raben, sind Allesfresser (omnivor). Insektenfressende Vögel (auch bei anderen Tieren) sind nicht selten auch große Liebhaber von saftigen Beeren und Früchten, einige genießen daneben auch Sämereien. Vor allem in ihrer Eigenschaft als Mäuse- bzw. Insektenvertilger verdienen die meisten unserer Vögel jegliche Schonung für sich und ihre Brutstätten (Erhaltung von dichtem Gebüsch am Waldrand, von Hecken auf freiem Gelände und von Baumhöhlen).

Erklärung von Fachausdrücken bei Vögeln.

»Bürzel« ist der hinterste Teil des Rückens unmittelbar vor dem Schwanz.

»Fahne« ist der seitlich am Schaft befestigte weichere Teil der Feder.

»Ferse« mit »Fersengelenk« (Fig. 52 *F*) ist das nach hinten gerichtete Gelenk zwischen Unterschenkel (*U*) und Lauf (*L*).

Als »Flügellänge« (= Fl) oder »Fittichlänge« gilt bei Vögeln die Länge des im Ruhezustand zusammengelegten Flügels vom vorderen »Flügelbug« (Fig. 53 *B*) bis zur Spitze der längsten Schwungfeder. »–45, Fl 27 cm« bedeutet: bis 45 cm Körperlänge und 27 cm Flügellänge.

»Handdecken« oder »Flügeldecken« sind die kurzen Federn, die die Basis der Handschwingen bedecken (Fig. 53 *D*).

»Handschwingen«, Schwingen oder »Schwungfedern« sind die langen starren äußeren Flügelfedern (Fig. 53, *1—10*).

Die Länge des »Laufes« (Fig. 52 *L*) wird vom Fersengelenk bis zum Zehengelenk gemessen.

»Scheitel« ist der obere Teil des Kopfes.

Die »Schnabellänge« wird vom Vorderende des Stirngefieders bis zur Schnabelspitze gemessen.

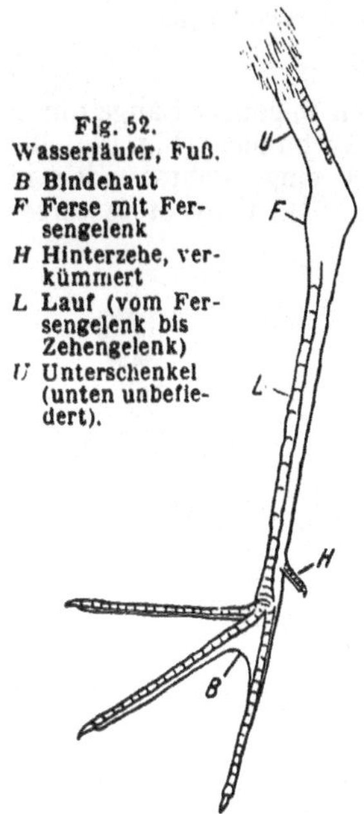

Fig. 52.
Wasserläufer, Fuß.

B Bindehaut
F Ferse mit Fersengelenk
H Hinterzehe, verkümmert
L Lauf (vom Fersengelenk bis Zehengelenk)
U Unterschenkel (unten unbefiedert).

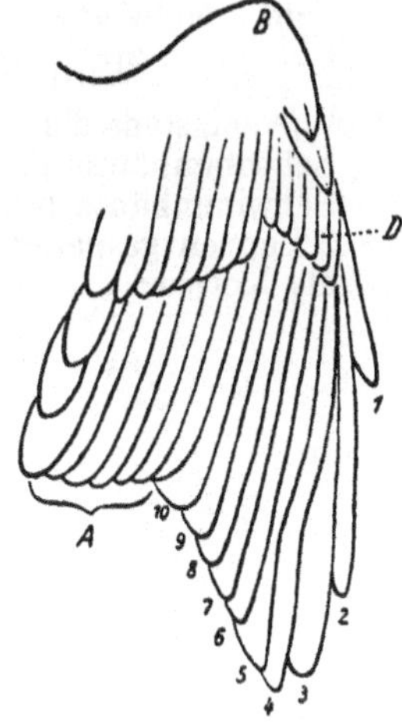

Fig. 53. Raubwürger. Flügel.

1—10 Handschwingen oder Schwungfedern, die erste stark verkürzt, aber länger als Flügeldecken
A Armschwingen
B Flügelbug
D Flügeldecken oder Handdecken.

»Schwanzdecken« sind die weichen Federn, die die Basis der großen Schwanzfedern (»Steuerfedern«) bedecken sowohl auf der Ober- wie auf der Unterseite (Fig. 85, S. 118).

Die »Schwanzlänge« ist die Länge der längsten Schwanzfeder.

»Spiegel« ist eine auffallend gefärbte Fläche mitten auf dem Flügel.

»Zügel« ist das seitliche Gesicht zwischen Auge und Schnabelwurzel.

Die Ordnungen der 𝕭ögel.

1–7 Befiederung des Unterschenkels endet oberhalb des Fersengelenks (Fig. 52 F) 2
2 2 Vorderzehen zur Hälfte eng mit einander verwachsen (Fig. 75, S. 103) . . . . 12′

2′ Zehen nicht eng mit einander verwachsen:

Waſſervögel 3

3–6 Wenigstens die 3 Vorderzehen in ganzer Länge durch Schwimmhäute mit einander verbunden (Fig. 54), die Schwimmhäute manchmal tief eingebuchtet oder in 3 Lappen gespalten (Fig. 63, S. 67). Beine stets kürzer als Körper:

Fig. 54. Stockente.
Fuß, Hinterzehe frei.

Fig. 55. Pelikan, Fuß, Hinterzehe durch Schwimmhaut mit den Vorderzehen verbunden.

Fig. 56. Säger, mit Hornzähnen.

Fig. 57. Stockente, Schnabelränder mit Querleisten.

Schwimmvögel 4

(Wenn Beine sehr lang, siehe unter . . . . 7).

4 Die Hinterzehe durch Schwimmhaut mit den 3 Vorderzehen verbunden (Fig. 55):

4. Ordnung STEGANOPODES, Ruderfüßer . . S. 79

4′ Die Hinterzehe ist frei (Fig. 54) oder fehlt 5

5 Schnabelränder mit zahlreichen spitzen Hornzähnen (Fig. 56) oder querstehenden niederen Hornleisten (gerillt, Fig. 57):

3. Ordnung LAMELLIROSTRES, Entenvögel S. 73

9' 3 Zehen nach vorn, 1 (seltener fehlend) nach hinten
gerichtet **10**
10 Hinterzehe klein oder fehlend, reicht mit der Kralle
nicht bis zur Mitte der kürzesten Vorderzehe. Schnabel
hühnerartig, nicht länger als Kopf:
7. Ordnung RASORES (Gallinacei), Hühnervögel. S. 89
(Wenn Schnabel viel länger als Kopf, siehe unter . . 7')

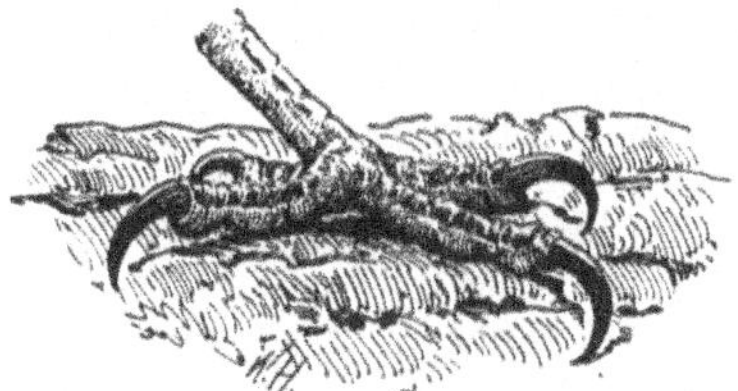

Fig. 58. Specht, 2 Zehen nach vorn,
2 nach hinten.

Fig. 59. Mauersegler,
4 Zehen nach vorn.

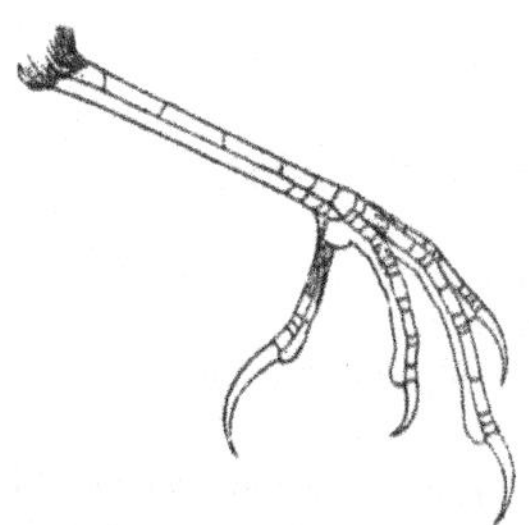

Fig. 60. Grasmücke,
Lauf hinten ohne Quernähte.

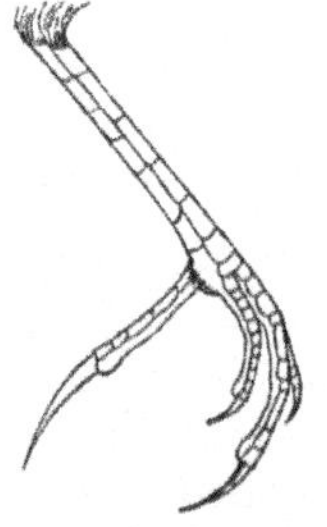

Fig. 61. Lerche, Lauf vorn
und hinten mit Quernähten.

10' Hinterzehe reicht viel weiter und ist wohlentwickelt **11**
11 Schnabel nur vor den Nasenlöchern hart und kuppenförmig verdickt, sonst weich:
9. Ordnung COLUMBAE (Gyrantes), Tauben. S. 100
11' Schnabel von der Wurzel an gleichmäßig hart, vorn
nicht verdickt **12**
12 Kralle der Hinterzehe ist stets die größte. Hornbekleidung des Laufes hinten jederseits ohne (Fig. 60) oder
nur mit einfachen queren Nähten (Fig. 61):
11. Ordnung OSCINES, Singvögel . . . . Seite 105
12' Anders:
10. Ordnung CORACIIFORMES, Rakenvögel. S. 101.

1. Ordnung **Impennes,** Taucher.

Die bei uns vorkommenden Impennes sind trotz ihrer kurzen Flügel doch sämtlich flugfähig. Alle sind äußerst gewandte Schwimmer und Taucher, die ausschließlich unter dem Wasser ihrer Nahrung nachgehen, wobei sie in der Regel immer nur für kurze Zeit an der Oberfläche erscheinen. Wenigstens die größeren Arten jagen auf Fische. Am Lande halten sie ihren Körper aufrecht, da sich ihre Beine am Körperende befinden.

Die **Steißfüße** der Gattung **Podiceps** sind leicht kenntlich an ihren dreilappigen Schwimmfüßen. Sie leben ausschließlich in Binnengewässern. Sie bauen gern schwimmende Nester und legen 3–6 fast walzenförmige einfarbige Eier mit abreibbarem kalkigem Überzug. Die Jungen sind längsgestreift. Unsere 5 einheimischen Arten sind Zugvögel.

Die **Seetaucher** der Gattung **Colymbus** brüten im hohen Norden und kommen nicht selten als Wintergäste zu uns in ihrem einfachen Winterkleid. Im Sommer tragen sie in ihrer Heimat ein auffallendes Prachtkleid.

Die **Alken,** die mit den anderen Impennes keine nähere Verwandtschaft zeigen, werden mit Möven und Schnepfenvögeln zusammen in eine Ordnung CHARADRIIFORMES gestellt. Sie sind ausschließlich nordische Meeresvögel, die fast nie in Binnengewässern angetroffen werden. Ihr Gelege besteht oft nur aus einem einzigen auffallend großen gefleckten Ei, das direkt auf den Felsen gelegt wird.

Die **Pinguine** (*Spheniscidae*) vertreten die Taucher an den südlichen, antarktischen Meeresküsten.

Bei den Impennes besteht kein äußerer Geschlechtsunterschied, doch ist Sommer- und Winterkleid mehr oder weniger stark verschieden.

1–6 Ohne Hinterzehe:

       Alcidae, **Alken** . . . Nur Meeresvögel . **2**

2 Schnabel schmal, sehr viel höher als breit, mit Querfurchen **3**

3 Nasenlöcher frei. Schnabelwurzel verdickt. Verlängerte Nackenfedern.

   –31 cm: **Fratercula arctica, Papageitaucher** . selten

3′ Nasenlöcher befiedert. Schnabel schwarz mit weißer Binde (Fig. 62).
    −44 cm: **Alca torda, Torbalt.**

2′ Schnabel nicht viel höher als breit, ohne Querfurchen **4**

4 Schnabel kürzer als Kopf. Gesicht im Winter weißlich.
    −25 cm: **Plotus (Mergulus) alle, Krabbentaucher** . . . Winter, selten.

4′ Schnabel so lang oder länger als Kopf:
    Uria, Lummen **5**

5 Flügel größtenteils weiß. Im Sommer unten ganz schwarz, im Winter weiß mit schwarzen Flecken. Fuß rot.
    −34 cm: **U. grylle, Gryllumme. Gryllteist** . . Winter

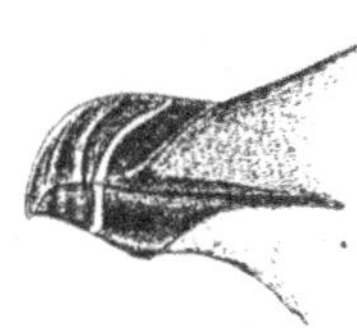

Fig. 62. Tordalk, Schnabel hoch und stark komprimiert mit Querfurchen.

5′ Flügel größtenteils dunkelbraun. Unten stets weiß **6**

6 Vorderer Nasenrand vom Auge ebensoweit entfernt wie von der Schnabelspitze. Schnabelrand hinten gelblich.
    −46 cm: **U. lomvia, Dickschnabellumme** . . . Winter, selten.

6′ Vorderer Nasenrand vom Auge doppelt so weit entfernt wie von der Schnabelspitze. Schnabelrand ganz schwarz. Fuß schwarz:
    −46 cm: **U. troile (aalge), Trottellumme, Dumme Lumme.**

1′ Hinterzehe vorhanden, mit herabhängendem Hautlappen: *Colymbidae,* Taucher **7**

7 Schwimmhäute vollständig:
    Colymbus (Urinator) Seetaucher . Winter **8**

8 Kopf und Hals ganz schwarz; im Winter: Oberkopf schwarzbraun, Rücken ebenso mit helleren Federrändern.
    −85 cm: **C. immer (glacialis), Eistaucher.**

8′ Oberkopf und Genick aschgrau, Kehle schwarz; im
Winter: Kopf und Oberhals grau, Rücken dunkelbraun
mit hellen Federrändern.
  –66 cm: **C. arcticus**, Polartaucher.
8″ Kopf und Hals aschgrau, Kehle rot; im Winter: Oberkopf und Genick grau, Rücken schwarzbraun mit scharfen hellen Flecken.
  –57 cm: **C. stellatus** (septentrionalis), Nordseetaucher.

7′ Schwimmhaut durch Einschnitte 3 lappig (Fig. 63).
Junge sind längsgestreift:
            Podiceps, Steißfüße . . . nur im Süßwasser,
Zugvögel **9**

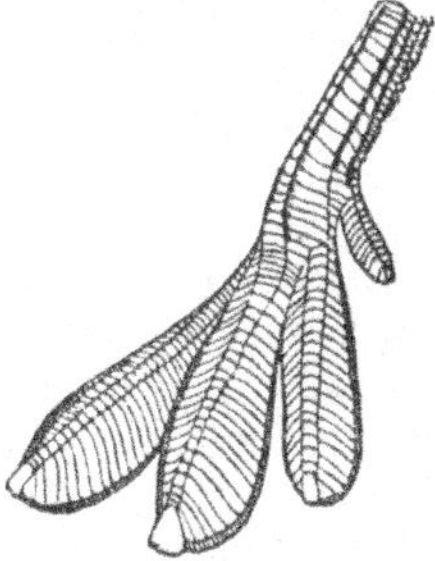

Fig. 63. Steißfuß, Fuß dreilappig.

9 Flügel unter 11 cm.
  20–24 cm: **P. ruficollis** (minor), Zwergsteißfuß.
9′ Flügel über 12 cm **10**
10 Schnabel halb so lang wie Lauf oder Mittelzehe. Im
Sommer ohrenförmige Schmuckfedern am Hinterkopf.
Flügel 13–14 cm **11**
11 Schnabelränder aufwärts gebogen. Nur die ersten
Schwungfedern braunschwarz, die anderen zum Teil
weiß. Hals im Sommer schwarz.
  –30 cm: **P. nigricollis**, Schwarzhalssteißfuß.
11′ Schnabelränder gerade. Alle Handschwingen braunschwarz. Hals im Sommer rotbraun.
  –33 cm: **P. auritus** (cornutus), Ohrensteißfuß.
10′ Schnabel viel länger als halber Lauf oder Mittelzehe.
Flügel 17–20 cm **12**

12 Hals größtenteils rostrot, im Winter grau. Alt mit schwarzem Oberkopf.

　–45 cm:　　**P. griseigena**, Rothalſiger Steißfuß.

12′ Hals größtenteils weißlich. Alt mit roter Haube und Halskragen, der im Winter klein ist.

　52–60 cm:　**P. cristatus**, Haubenſteißfuß, Haubentaucher.

2. Ordnung **Longipennes**, Langflügler.

Hierher sind die Mövenvögel und die Sturmvögel gestellt.

Fam. **Laridae**, Mövenvögel.

Möven sind mit den Sturmvögeln nicht näher verwandt. Sie werden jetzt mit den Alten, sowie mit den Schnepfen und Regenpfeifern zu einer Ordnung der »CHARADRIIFORMES« zusammengestellt.

Mit wenigen Ausnahmen sind es Meeresvögel, die im Binnenland meist nur als Irrgäste erscheinen. Nur die Lachmöve und die Flußſeeſchwalbe brüten regelmäßig an Binnengewässern, selten auch die Lach- und Trauerſeeſchwalbe. Möven und Raubmöven sind hauptsächlich im Norden zu Hause und erscheinen an unseren Küsten meist nur als Wintergäste. Nur Zwergmöve, Silbermöve und Sturmmöve brüten hier. Seeſchwalben haben dagegen mehr im Süden ihre Heimat und sind bei uns Zugvögel, die an unseren Küsten brüten.

Alle Mövenvögel sind ausgezeichnete und ausdauernde Flieger. Ihre Nahrung beziehen sie hauptsächlich aus dem Wasser, oft im Flug, ohne imstande zu sein unter dem Wasser zu schwimmen. Raubmöven jagen gern anderen Möven ihre Beute ab oder sind Nesträuber, wie andere Möven gelegentlich auch.

Ihre Färbung ist nach Alter und Jahreszeit oft sehr verschieden, nicht nach Geschlecht. Alle Mövenvögel brüten am Boden, nahe dem Wasser. Die Eier sind gelblich bis bräunlich mit dunklen Flecken, gewöhnlich je 2–3 in einem Gelege.

1–15 Schnabelspitze mehr oder weniger auffallend abwärts gebogen (hakenförmig), Schnabel unten eckig. (Fig. 64) Mittlere Schwanzfedern nicht (selten sehr wenig) verkürzt, manchmal verlängert **2**

2–5 Gefieder oben überall einfarbig dunkelbraun. Oberschnabel durch Furchen in mehrere Stücke geteilt. Krallen stark hakenförmig gekrümmt:

       Stercorarius (Lestris), Raubmöven . . **3**

3 Mittlere Schwanzfedern nicht verlängert, mit breitem Ende. Flügel mit weißem Viereck.

–55, Fl 40 cm: **St. skua** (catarrhactes), Große Raubmöve . . . Irrgast.

3′ Mittlere Schwanzfedern verlängert. Flügel ohne Weiß **4**

4 Mittlere Schwanzfedern bis zur Spitze gleich breit.

–43, Fl 36 cm: **St. pomarinus,** Breitschwänzige R.

4′ Mittlere Schwanzfedern keilförmig zugespitzt . . . **5**

5 Mittlere Schwanzfedern wenig (um 8 cm) verlängert. Erst die 5. Schwinge mit braunem Schaft.

–39, Fl 32 cm: **St. parasiticus,** Schmarotzer-R. . . selten.

5′ Mittlere Schwanzfedern stark (um 15 cm) verlängert und verschmälert. Schon die 3. Schwinge mit braunem Schaft.

–36, Fl 31 cm: **St. longicaudus,** Langschwänzige R. . Irrgast.

2′ Gefieder oben weiß mit mehr oder weniger Grau oder Schwarz. Schnabel einfach, ohne Furchen. Krallen nicht stark gekrümmt. **6**

6 Schwanz etwas gegabelt. Oben grau.

–35, Fl 28 cm: **Xema sabinii,** Schwalbenmöve, sehr selten.

6′ Schwanz nicht gegabelt. (Schwanzfedern von gleicher Länge) **7**

7 Keine Hinterzehe. Weiß, oben aschblau, im Winter mit schwärzlichem Ohrenfleck.

–43, Fl 32 cm: **Rissa tridactyla,** Stummelmöve.

7′ Mit Hinterzehe und -kralle:

       Larus, Möven **8**

8–12 Schaft der Handschwingen größtenteils weiß bis hellgrau. Junge unten rein weiß **9**

9 Außenrand der 1. Schwinge ganz oder zum Teil schwarz.
Kopf im Sommer schwarz, im Winter weiß . . . **10**

10 Unterseite der Flügel vorn dunkler als Oberseite. Schwingen mit weißen Spitzen.
–28, Fl 24 cm: **L. minutus**, Zwergmöve . . Brutvogel.

10′ Unterseite der Flügel vorn heller als Oberseite . . **11**

11 Innenrand der 1. Schwinge und Spitze weiß.
–42, Fl 31 cm: **L. melanocephalus**, Hutmöve . . . Irrgast vom Süden.

11′ Innenrand der 1. Schwinge und alle Schwingenspitzen schwärzlich.
–42, Fl 31 cm: **L. ridibundus**, Lachmöve. Binnengewässer.

9′ Außenrand der 1. Schwinge ohne Schwarz. Kopf auch im Sommer weiß **12**

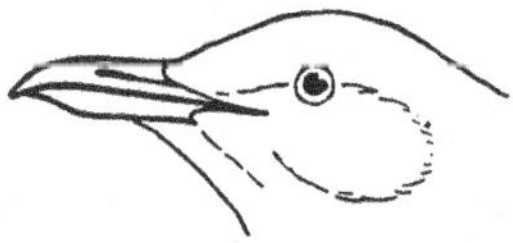

Fig. 64. Lachmöve, Schnabelspitze herabgebogen, Schnabel unten eckig.

12 Handschwingen weiß.
–60, Fl 43 cm: **L. leucopterus**, Polarmöve . . . selten.

12′ Handschwingen hellgrau.
–70, Fl 47 cm: **L. glaucus** (hyperboreus), Eismöve, Bürgermeister.

8′ Schaft der Handschwingen größtenteils dunkelbraun. Junge oben braun, oben und unten gefleckt . . . **13**

13 Mantel (über dem Rücken) hellgrau bei Erwachsenen **14**

14 Die ersten Handschwingen mit schwarzer Spitze. Schnabel schwach, unten mit schwachem Eck.
–40, Fl 36 cm: **L. canus**, Sturmmöve . . . Brutvogel.

14′ Die 2 ersten Handschwingen mit weißer Spitze. Schnabel stark, unten mit starkem Eck.
–60, Fl 47 cm: **L. argentatus**, Silbermöve . . Brutvogel.

13′ Mantel schwärzlich bei Erwachsenen **15**

15 Schnabel schwach, unten mit schwachem Eck.
–55, Fl 44 cm: **L. fuscus**, Heringsmöve.

15′ Schnabel sehr kräftig, unten mit starkem Eck.
–70, Fl 50 cm: **L. marinus**, Mantelmöve.

1′ Schnabelspitze fast gerade, nicht hakig. Schwanz gegabelt (mittlere Schwanzfedern kürzer.) **16**
16–21 Schwimmhäute wenig eingebuchtet. Gefieder reicht
bis zum Nasenloch. Unterseite stets weiß.
    Sterna, Seeschwalben **17**
17–20 Schnabel rot oder gelblich **18**
18 Füße schwarz.
 –50, Fl 42 cm: **St. caspia** (tschegrava), Raubseeschwalbe
 …selten.
18′ Füße rot oder gelb **19**
19 2. Handschwinge mit braunem Schaft. Schnabel mit
schwarzer Spitze.
 –20, Fl 18 cm: **St. minuta** (albifrons), Zwergseeschwalbe.

Fig. 65. Trauerseeschwalbe, Schwimmhäute
tief eingebuchtet.

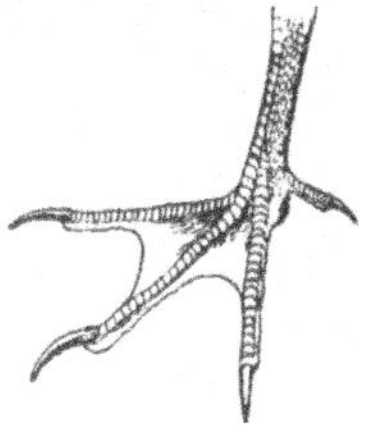

19′ 2. Handschwinge mit weißem Schaft **20**
20 Schnabel mit schwarzer Spitze.
 –35, Fl 27 cm: **St. hirundo**, Flußseeschwalbe.
20′ Schnabel nicht oder sehr wenig schwarz an der Spitze.
 –35, Fl 27 cm: **St. macrura** (paradisaea), Küstensee-
schwalbe.
17′ Schnabel und Füße schwarz **21**
21 Schnabel viel länger, bis 2 mal so lang als Lauf. Gabeleinschnitt von halber Schwanzlänge.
 –40, Fl 31 cm: **St. cantiaca** (sandvicensis), Brandsee-
schwalbe.
21′ Schnabel wenig länger als Lauf. Gabeleinschnitt viel
kürzer.
 –40, Fl 32 cm: **St. anglica** (nilotica), Lachseeschwalbe.

16′ Schwimmhäute sehr tief eingebuchtet (Fig. 65). Gefieder reicht nicht bis zum Nasenloch. Unterseite im
Sommer schwarz, im Winter weiß.
   Hydrochelidon (Chlidonias), Schwarz-
bäuchige Seeschwalben.

22 Bürzel und Schwanz weiß. Schnabel braun. Füße rot.
Rücken schwarz.
-27, Fl 21 cm: **H. leucoptera,** Weißflüglige Seeschwalbe
...Irrgast.

22′ Bürzel und Schwanz grau oder schwarz 23

23 Schnabel und Füße rot. Rücken grau.
-28, Fl 24 cm: **H. hybrida (leucopareia),** WeißbärtigeSee-
schwalbe.

23′ Schnabel größtenteils schwarz. Füße dunkelbraun.
-26, Fl 22 cm: **H. nigra,** Trauerseeschwalbe, Schwarze
Seeschwalbe.

Fam. **Procellariidae,** Sturmvögel.

Ausschließlich Meeresvögel, Tiere der hohen See, die nur
gelegentlich an unsere Küsten kommen und auch ins Binnenland verschlagen werden. Ihre Eier sind einfarbig weiß.
Zu dieser Familie gehören die Albatrosse (fehlen im nördlichen Atlantik), die wohl die größten fliegenden Vögel
sind. Zur gleichen Familie gehören auch die Sturmschwalben, etwa so groß wie Sperlinge.

1 Klein, Flügel höchstens 17 cm. Schwarzbraun, am Bürzel
weiß. Nasenöffnungen nahe beisammen:
Sturmschwalben 2

2 Flügel mit weißem Strich. Schwanz fast gerade.
-14, Fl 12 cm: **Hydrobates pelagica,** Sankt Petersvogel,
Sturmschwalbe.

2′ Flügel ohne Weiß. Schwanz tief gegabelt.
-20, Fl 16 cm: **Oceanodroma leucorrhoa,** Sturmsegler.

1′ Größer, Flügel über 23 cm 3

3 Nasenöffnungen in einer Röhre. Unten weiß, oben aschgrau. Schwingen schwärzlich.
-50, Fl 30 cm: **Fulmarus glacialis,** Eissturmvogel.

3′ Nasenröhren getrennt: **Puffinus** 4

4 Unten graubraun.
-50, Fl 31 cm: **P. griseus,** Dunkler Sturmtaucher.

4′ Unten weiß.
-36, Fl 24 cm: **P. puffinus (anglorum),** Wasserscherer.

3. Ordnung Lamellirostres, Entenvögel.

Von den an ihren gerillten oder gezähnten Schnabelrändern leicht erkennbaren Entenvögeln suchen die meisten ihre Nahrung ausschließlich im Wasser. Sie besteht oft wie bei den fischfressenden Sägern nur aus Wassertieren, bei Enten und Schwänen zum größeren oder geringeren Teil auch aus Pflanzen. Gänse sind fast reine Pflanzenfresser und gehen gern auf dem Lande auf die Weide, sie sind auch langbeiniger und viel besser zu Fuß als die übrigen Entenvögel. Dafür verstehen sie auch nicht zu tauchen, ebensowenig wie die Schwäne. Die Schwimmenten tauchen nur ungern, während die Tauchenten regelmäßig vollständig unter Wasser gehen, um nach einiger Zeit wieder etwa an der gleichen Stelle aufzutauchen. Die Säger tauchen vorzüglich und schwimmen oft weite Strecken unter dem Wasser. Bei den schwimmenden Tauchenten und Sägern ragt der Schwanz nur wenig oder gar nicht aus dem Wasser. Alle Entenvögel sind sehr gute Flieger und leben gern gesellig. Sie finden sich in allen Ländern, besonders formenreich aber in den gemäßigten und kalten Zonen.

Bei uns brüten nur wenige Arten regelmäßig im Binnenland, vor allem die Stockente, daneben auch Knäck- und Krickente, viel seltener noch andre wie Löffel-, Reiher-, Moor- und Tafelente, auch Höckerschwan, Graugans und Gänsesäger. Die große Masse aller Entenvögel hat ihre Heimat, d. h. ihr Brutgebiet in den hohen Breiten sowohl der nördlichen wie der südlichen Hemisphäre. Fast alle bei uns vorkommenden Entenvögel brüten mehr oder weniger hoch im Norden, auch die große Menge der bei uns brütenden Arten. Sie erscheinen bei uns dann nur auf dem Durchzug oder als Wintergäste, manchmal in großen Scharen, wie besonders unsere Stockente. Sie sind daher alle Zugvögel im weiteren Sinn.

Die Eier der Entenvögel sind stets einfarbig, weiß oder leicht getönt. Schwäne und Gänse legen nur 4–7 Eier. Bei ihnen ist Männchen und Weibchen gleich gefärbt. Alle Enten und Säger haben ein größeres Gelege von etwa 6–14 Eiern. Bei ihnen tragen nur die Männchen vom Herbst ab ein auffallendes, oft sehr buntes »Prachtkleid«, das nach der Brutzeit zurückgeht. Die Nester aller Schwimm- und Tauchenten, sowie der Säger werden mit Dunen (Flaumfedern) ausgefüttert, die sich die brütenden Vögel selbst ausrupfen. Die kostbaren »Eiderdunen« werden der Eiderente aus dem Nest genommen.

Viele Entenvögel zeichnen sich durch einen auffallend, oft metallisch gefärbten Flecken mitten auf dem Flügel, den »Spiegel«, aus.

Bei animalischer Kost nimmt das Fleisch der Enten leicht einen tranigen Geschmack an, am meisten die Haut. Deshalb sind die Tauchenten als Speise weniger geschätzt als die Schwimmenten.

1 Schnabel schmal, vorn hakenförmig, mit spitzen, nach hinten gerichteten Hornzähnen (Fig. 56, S. 62). Hinterzehe mit Hautlappen. Kopf des ♀ braunrot:

Säger: **Mergus** 2

2 Schnabel so lang oder länger als Innenzehe . . . 3

3 Schnabel so lang als Innenzehe. »Spiegel« (Flecken mitten auf dem Flügel) ganz weiß. ♂ mit schwarzem Kopf. Nur ♀ mit Federschopf.
−70, Fl 28 cm: **M. merganser,** Großer Säger.

3′ Schnabel länger als Innenzehe. Spiegel weiß mit schwarzer Querbinde. ♂ mit schwarzem Kopf. Mit Federschopf.
−60, Fl 25 cm: **M. serrator,** Mittlerer Säger.

2′ Schnabel kürzer als Innenzehe. Spiegel schwarz mit wenig weiß. ♂ mit weißem Kopf.
−40, Fl 20 cm: **M. albellus,** Kleiner Säger.

1′ Schnabel breit, seine Ränder mit zahlreichen querstehenden Leisten oder Plättchen (Fig. 57, S. 62), seine Spitze mit herabgebogenem »Nagel« 4

4−22 Hinterzehe ohne großen herabhängenden Hautlappen (Fig. 54, S. 62) 5

5−7 »Zügel« (vor dem Auge bis Schnabelwurzel) nackt. Hals sehr lang. Weiß. Junge grau. Sehr groß.

Schwäne: **Cygnus** 6

6 Zügel schwarz. Schnabel hinten schwarz, vorn gelbrot. Bei den Alten der Schnabel hinten mit Höcker.
−160, Fl 60 cm: **C. olor,** Höckerschwan.

6′ Zügel gelb. Schnabel hinten gelb, vorn schwarz . 7

7 Schnabelwurzel bis zum Nasenloch gelb.
  –160, Fl 60 cm: **C. musicus** (cygnus), Singſchwan.
7' Schnabelwurzel gelb, aber nicht bis zur Nase.
  –124, Fl 50 cm: **C. minor** (bewicki), Zwergſchwan. Selten.

5' Zügel (vor dem Auge) ganz befiedert **8**
8–16 Schwanzfedern etwa gleich lang, hinten breit abgerundet. Lauf so lang oder länger als Mittelzehe.
  ♂ und ♀ gleich gefärbt:

Gänſe **9**

9 Schnabel vorn nicht verschmälert. Lauf so lang wie
  Mittelzehe **10**
10 Schnabel rot, aufwärts gebogen. Schwanz und » Bürzel«
  (hinterster Teil des Rückens) weiß. Gefieder schwarz,
  weiß, rot.
  –63, Fl 34 cm: **Tadorna** (Vulpanser) **tadorna**, Brandgans,
  Fuchsgans, Höhlenente, Brandente, brüten in Erdhöhlen.
10' Schnabel schwarz, Schwanz und Bürzel schwarz. Gefieder rostgelb, Spiegel erzgrün.
  –62, Fl 36 cm: **Casarca ferruginea** (rutila), Roſtente, Roſt-
  gans ... Irrgast aus Süden.
 9' Schnabel nach vorn verschmälert, faſt gerade, vorn
  nicht breiter wie der herabgebogene »Nagel« an seiner
  Spitze. Lauf länger als Zehen **11**
11–15 Fuß ganz, Schnabel ganz oder zum Teil gelblich oder
  rötlich: **Anser** **12**
12 Gefieder faſt ganz weiß, bei Jungen z. T. grauweiß.
  –86, Fl 45 cm: **A. hyperboreus** (caerulescens), Schnee-
  gans ... Irrgast, sehr selten.
12' Gefieder grau oder graubraun **13**
13 Schnabel ohne oder faſt ohne Schwarz **14**
14 Kopf ganz grau, ohne Weiß.
  80–90, Fl 46 cm: **A. anser** (cinereus, ferus), Graugans.
  ... Stammform der Hausgans.
14' Stirn und hinter der Schnabelwurzel weiß:
  a) Schnabel über 4 cm lang.
  –70, Fl 43 cm: **A. albifrons**, Bläßgans.
  b) Schnabel unter 4 cm lang.
  –60, Fl 37 cm: **A. erythropus**, Zwerggans...selten.
13' Schnabel vorn und hinten schwarz: Kopf faſt ganz
  ohne Weiß **15**

15 Schnabel fast kopflang, über 5 cm.
–86, Fl 48 cm: **A. fabalis** (segetum), Saatgans, Ackergans.
15′ Schnabel beträchtlich kürzer, unter 5 cm.
–75, Fl 43 cm: **A. brachyrhynchus**, Kurzschnäblige Gans.
... Irrgast, sehr selten.
11′ Fuß und Schnabel ganz schwarz. Schnabel kurz:
Branta (Bernicla), Seegänse 16
16 Kopf und Hals schwarz. Halsband weiß, gefleckt.
–62, Fl 34 cm: **B. bernicla**, Ringelgans.
16′ Kopf und Hals schwarz, mit weißem Gesicht.
–70, Fl 40 cm: **B. leucopsis**, Weißwangige Gans, Nonnen-
gans ... Selten.
16″ Kopf und Hals schwarz, weiß und rot.
–55, Fl 35 cm: **B. ruficollis**, Rothalsige Gans ... Irrgast
aus Sibirien.

8′ Schwanzfedern hinten keilförmig spitz oder eckig, die
mittleren am längsten. Lauf kürzer als Zehen. ♂ und
♀ verschieden gefärbt. ♂ den größten Teil des Jahres
mit Prachtkleid:

Schwimmenten 17

17 Schnabel viel länger als Kopf, vorn doppelt so breit als
hinten. ♂ sehr bunt.
–50, Fl 24 cm: **Spatula clypeata**, Löffelente.
17′ Schnabel vorn nicht verbreitert, höchstens kopflang:
Anas 18
18 Schnabel kurz, nur so lang als Lauf. Bei ♂ ist Kopf
und Hals rostrot, Stirn weißlich.
–45, Fl. 26 cm: **A. penelope**, Pfeifente.
18′ Schnabel länger als Lauf. 19
19 Körper kürzer als 40 cm. Flügel höchstens 21 cm . . 20
20 »Spiegel« (mitten auf dem Flügel) leuchtend metallischgrün. ♂ metallischgrün hinter dem Auge.
–38, Fl 19 cm: **A. crecca**, Krickente.
20′ »Spiegel« schwärzlichgrün bei ♂, oder braungrau bei
♀. Weißlicher Strich über und hinter dem Auge. Schulter
bei ♂ mit langen schmalen Schmuckfedern.
–39, Fl 20 cm: **A. querquedula**, Knäckente.
19′ Über 50 cm lang, Flügel über 25 cm 21

21 Mittlere Schwanzfedern stark verlängert und schmal
zugespitzt. Hals lang. Weißer Strich vom Nacken zur
weißen Brust.
–64, Fl 29 cm: **A. acuta, Spießente.**
21′ Schwanzfedern nicht stark verlängert **22**
22 Spiegel metallischblau. ♂ mit weißem Halsring, vor dem
Schwanz mit hakenförmigen kurzen Schmuckfedern.
–55, Fl 30 cm: **A. boschas** (platyrhyncha), **Märzente,
Stockente.**
22′ Spiegel zum Teil weiß. Rücken grau gewellt.
–50, Fl 27 cm: **A. strepera, Schnatterente.**

4′ Hinterzehe mit herabhängendem breitem Hautlappen
(Fig. 66). Lauf kürzer als Zehen. ♂ mit Prachtkleid:
Tauchenten **23**

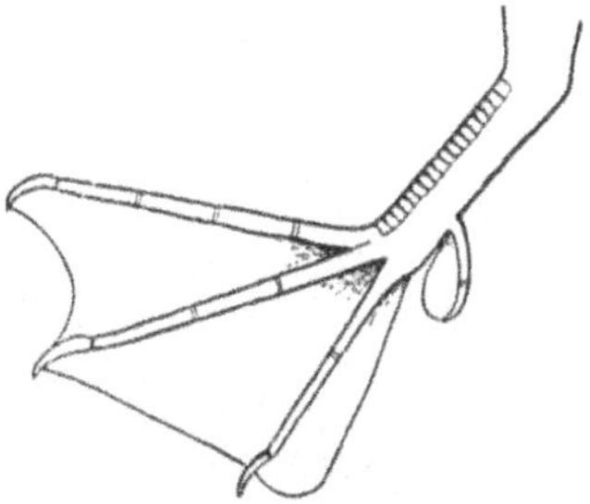

Fig. 66. Tauchente, Hinterzehe
mit herabhängendem Lappen.

23 Befiederung ragt mit 3 langen schmalen Zipfeln auf
den Schnabel. ♂ oben weiß, am Kopf grün.
–63, Fl 29 cm: **Somateria mollissima, Eiderente.**
23′ Befiederung der Schnabelwurzel nicht auffallend . **24**
24 Schwanzfedern auffallend schmal (nur 5 mm) und starr.
Bei ♂ ist Kopf bis Brust weiß, schwarz und rot.
Schnabel hinten aufgetrieben.
–56, Fl 16 cm: **Oxyura leucocephala** (Erismatura), **Ruder-
ente** . . . Irrgast aus Süden.
24′ Schwanzfedern nicht auffallend schmal und starr . **25**
25 Gefieder einfarbig schwarz (♂ im Prachtkleid) oder
braun mit hellem Bauch, mit oder ohne wenig Weiß.
Schnabelwurzel oft aufgetrieben. Schnabel mit Gelbrot,
mit sehr breitem Nagel.
Oidemia, Trauerente **26**

26 Ohne Weiß im Gefieder.
–52, Fl 24 cm: **O. nigra,** Mohrenente.

26′ »Spiegel« (mitten auf dem Flügel) und unter dem Auge weiß.
–55, Fl 28 cm: **O. fusca,** Samtente.

25′ Gefieder mehrfarbig. Schnabelwurzel nicht aufgetrieben **27**

27 Schnabel kurz, so lang wie Lauf, kürzer als Kopf, nach vorn verschmälert **28**

28 Mittlere Schwanzfedern wenig verlängert. Spiegel weiß. ♂ schwarz, Wangen, Hals und Unterseite weiß. Bei ♀ Kopf braun.
–45, Fl 22 cm: **Bucephala clangula,** Schellente.

28′ Mittlere Schwanzfedern stark verlängert, schmal und spitz. Nagel sehr breit. **29**

29 Schnabel schwarz mit rotem Fleck. Spiegel bräunlich. Gefieder mit viel Weiß.
–45, Fl 23 cm: **Clangula hyemalis** (glacialis), Eisente.

29′ Schnabel ganz schwarz. Spiegel violett schwarz. Sehr bunt.
–45, Fl 20 cm: **Histrionicus histrionicus,** Kragenente...
Irrgast aus Nordamerika.

27′ Schnabel länger als Lauf, so lang wie Kopf, nach vorn nicht schmäler, Nagel schmal. Schwanz in der Mitte wenig verlängert:
        Nyroca (Fuligula) **30**

30 Spiegel aschgrau, wenig auffallend. Bei ♂ Kopf rot, Brust schwarz. Bauch weiß. Rücken grau mit feinen Wellen. Bei ♀ Kopf rotbraun.
–50, Fl 22 cm: **N. ferina,** Tafelente.

30′ Spiegel weiß **31**

31 Schnabel rot. Bei ♂ Kopf rostgelb mit kurzer Haube. Brust und Bauch schwarz mit weißen Seiten. Rücken braun. Bei ♀ Kopf braun, Schnabel hinten schwarz.
–55, Fl 28 cm: **N. rufina,** Kolbenente ... Süden.

31′ Schnabel schwärzlich oder bleigrau. **32**

32 Kopf mit langer, bei ♀ kurzer Haube. ♂ größtenteils schwarz, ♀ braun mit weißlichem Gesicht. Unten weiß.
–40, Fl 21 cm: **N. cristata** (fuligula), Reiherente.

32′ Kopf ohne Spur einer Haube **34**

34 Rücken mit feiner Wellenzeichnung. Schnabel bleigrau. Bei ♂ Kopf, Vorderkörper und Schwanz schwarz. Bauch weiß. ♀ mit weißem Gesicht.
  –45, Fl 23 cm: **N. marila,** Bergente.
34′ Rücken einfarbig, braun. Bei ♂ Kopf rot, Kinn weiß. Unten weiß. Auge weiß.
  –40, Fl 19 cm: **N. nyroca,** Moorente.

4. Ordnung **Steganopodes,** Ruderfüßer.

Die Ruderfüßer, leicht kenntlich an ihrer bis zur Hinterzehe reichenden Schwimmhaut (Fig. 55, S. 62), werden mit den Schreitvögeln und den Flamingos jetzt in eine Ordnung CICONIIFORMES zusammengestellt. Es sind hauptsächlich Fischfresser, die vor allem in den wärmeren Zonen sowohl an den Meeresküsten wie in den Binnengewässern eine erhebliche Rolle spielen. Bei uns kommt nur der Kormoran ziemlich selten, an einzelnen Orten sogar noch als Brutvogel im Binnenland vor, der unter Wasser auf Fische jagt. Er wurde früher in Europa, wie jetzt noch in China und Japan zum Fischfang abgerichtet. Er brütet hoch auf Bäumen, die Eier sind einfarbig mit einem weißen Kalküberzug. Die Jungen sind Nesthocker. Andere Formen aus dieser Ordnung kommen nur als Irrgäste bei uns vor.

1 Schnabel spitz, nicht hakig. Schwanz keilförmig. Weiß mit schwarzen Schwungfedern. Jung oben bräunlich, gefleckt.
  –85, Fl 50 cm: **Sula bassana,** Baßtölpel, Tölpel. Am Meer.
1′ Schnabelspitze stark hakig **2**
2 Schnabel 30–40 cm lang, breit mit großem Kehlsack. Weiß.
  –140, Fl 70 cm: **Pelecanus onocrotalus,** Pelikan … Irrgast aus Süden.
2′ Schnabel höchstens 10 cm lang, schmal, mit kleinem Kehlsack. Schwarz bis schwarzbraun. Alt mit Metallglanz: **Phalacrocorax,** Scharben **3**
3 80–90, Fl 34 cm. Kehle weiß:
  Ph. carbo, Kormoran.
3′ –70, Fl 27 cm. Kopf ganz schwarz mit Haube:
  Ph. cristatus (aristotelis), Krähenscharbe. Irrgast.
3″ 50–60, Fl 21 cm. Kehle im Sommer weiß:
  Ph. pygmaeus, Zwergscharbe … Irrgast.

5. Ordnung **Gressores**, Schreitvögel.

Schreitvögel unterscheiden sich von den Laufvögeln durch ihren ganz oder großenteils nackten Zügel (zwischen Auge und Schnabelwurzel). Die auf ihren langen Beinen im Gegensatz zu den hurtigen Laufvögeln langsam und gravitätisch einherschreitenden Schreitvögel sind ausschließlich Tierfresser, die hauptsächlich auf nassem Boden ihrer Nahrung nachgehen. Störche, selbst Fischreiher sind daneben auch eifrige Mäusevertilger. Die bei uns vorkommenden Familien sind in allen wärmeren Gegenden der Erde vertreten. Unsere Arten sind sämtlich Zugvögel. Eine Anzahl von ihnen kommen aber nur als Irrgäste aus dem Süden oder Südosten zu uns.

Sie brüten meist auf Bäumen, viele gern gesellig, verschiedene Reihervögel auch im Schilfe. Ihre Jungen sind Nesthocker. Die Eier, gewöhnlich 4–6, sind einfarbig, bei Störchen weiß, bei Reihern getönt, oft bläulich bis grünlich. Männchen und Weibchen tragen das gleiche Kleid, nur bei der Zwergrohrdommel ist es etwas verschieden. Bei allen Reihervögeln tragen erwachsene Männchen wie Weibchen Schmuckfedern.

1 Schnabel in der Mitte abwärts geknickt. Beine sehr lang, mit Schwimmhäuten. Schnabelränder mit Querleisten wie bei Entenvögeln: *Phoenicopteridae:* Weiß mit Rosa.

    –125, Fl 39 cm: **Phoenicopterus ruber,** Flamingo ... Irrgast aus Süden.

1' Schnabel nicht geknickt 2

2 Schnabel nicht mit harter Spitze endend: *Ibidae* . . 3

3 Schnabel sichelförmig gebogen. Dunkelbraun mit Metallschimmer.

    –60, Fl 29 cm: **Plegadis falcinellus,** Sichler ... Irrgast aus Südosten.

3' Schnabel vorn löffelförmig verbreitert. Weiß.

    –80, Fl 38 cm: **Platalea leucorodia,** Löffelreiher ... Irrgast aus Südosten.

2' Schnabel spitz, hart und annähernd gerade 4

4 Lauf vorn mit 6 seitigen Schildchen (genetzt). Hinterzehe ziemlich klein. Mittelkralle seitlich nicht gezähnelt:

Ciconiidae, Störche 5

5 Weiß, Flügel z. T. schwarz.
–110, Fl 60 cm: **Ciconia alba**, Weißer Storch, Hausstorch.

5′ Braunschwarz, Alt mit Metallschimmer. Unten weiß.
–105, Fl 55 cm: **Ciconia nigra**, Schwarzer Storch, Waldstorch . . . selten.

4′ Lauf vorn mit 1 Reihe breiter Querschilder (getäfelt). Hinterzehe groß. Mittelkralle mit gezähntem Innenrand (Fig. 67):

Ardeidae, Reiher 6

Fig. 67. Reiher, Mittelzehe mit kammförmigem Rand.

6 Unterschenkel etwa zur Hälfte nackt. Lange schmale spitze Schmuckfedern am Unterhals 7

7 Gefieder rein weiß. Rücken mit zerschlissenen Schmuckfedern (»Reiherfedern«) 8

8 –100, Fl 46 cm: **Egretta alba**, Silberreiher . . . Irrgast aus Süden.

8′ 50–60, Fl 28 cm: **Egretta garzetta**, Seidenreiher . . . Irrgast aus Süden.

7′ Gefieder nicht weiß. Verlängerte Genickfedern. Schnabel über 11 cm 9

9 Gefieder grau, gefleckt.
–100, Fl 47 cm: **Ardea cinerea**, Fischreiher.

9′ Gefieder rostrot, gefleckt.
–90, Fl 37 cm: **A. purpurea**, Purpurreiher . . . selten.

6′ Nackter Teil des Unterschenkels nicht länger als halbe Hinterzehe. Untere Halsfedern abgerundet, breit, einen Schild bildend. Schnabel kürzer als 8 cm 10

10 Oben rötlichgelb, unten weiß. Alt mit langem Schopf am Genick und verlängerten Rückenfedern.
–45, Fl 22 cm: **Ardeola ralloides** (Buphus comatus), Rallenreiher, Schopfreiher . . . Irrgast aus Süden.

10′ Gefieder dunkler 11

11 Hinterkralle so lang wie übrige Zehe, halb so lang wie
Schnabel. Mittelzehe über 10 cm. Lauf 10 cm. Gelbbraun, gefleckt.

   –72, Fl 35 cm: **Botaurus stellaris, Rohrdommel, Mooskuh.**

11′ Hinterkralle viel kürzer. Mittelzehe unter 10 cm. Lauf
kürzer **12**

12 Groß, –60 cm. Alt oben schwarz, unten weiß, mit langen
weißen Nackenfedern. Jung braun, gefleckt. Lauf 7,5 cm.

   Fl –30 cm: **Nycticorax nycticorax (griseus), Nacht-
reiher, Nachtrabe** ... selten.

12′ Klein, –35 cm. Oben schwarz bei ♂, braunschwarz bei
♀. Kein Schopf am Nacken.

   Fl –16 cm: **Ardetta minuta (Ixobrychus), Zwergrohrdommel.**

6. Ordnung **Cursores,** Laufvögel.

Von den hier als Laufvögel zusammengefaßten Arten
werden neuerdings die Rallen, Kraniche und Trappen als
»Gruiformes«, dagegen die Schnepfen und Regenpfeifer zusammen mit Möven und Alken, sowie mit Flughühnern
und Tauben als »Charadriiformes« zu je einer Ordnung
vereinigt.

Alle unsere Laufvögel mit Ausnahme der Trappen
sind Zugvögel, auch das Bläßhuhn bleibt oft den Winter
über bei uns. Aber nur ein kleiner Teil der Laufvögel außer
den Rallen kommt bei uns im Binnenland regelmäßig vor
wie Kiebitz, Flußuferläufer und Rotschenkel, Großer Brachvogel, Bekassine und Waldschnepfe sowie Triel. Viele finden
sich als Brutvögel in den norddeutschen Küstengebieten,
aber die große Menge sind nordische Arten, die nur auf
dem Durchzug zu uns kommen oder als Wintergäste. Alle
sind Bodenvögel, die hurtig zu laufen verstehen und ausschließlich auf dem Boden nisten. Die Trappen sind Steppen-
bewohner, die Waldschnepfe liebt Waldboden, der Triel trok-
kenes Ödland. Fast alle anderen brauchen Sumpfboden oder
wenigstens die Nähe von Gewässern. Am meisten haben
sich die Rallen dem Wasserleben angepaßt, was sich in
ihren besonders langen Zehen und verhältnismäßig kurzen
Läufen ausdrückt. Die Wasserhühner vor allem, Bläßhuhn
und Teichhuhn, schwimmen und tauchen wie die Enten.

Die Eier sind gelblich oder bräunlich mit zahlreichen dunklen Flecken, bei den Schnepfen und Regenpfeifern meist kreiselförmig mit einem auffallend spitzen Pol. Meist bilden 4 Eier ein Gelege, bei Triel, Kranich und Trappen je 2, bei den Rallen 6–10 oder mehr.

Auffallende Geschlechtsunterschiede zeigen nur Trappen und Kampfschnepfe. Bei Schnepfen und Regenpfeifern ist oft das Sommerkleid rötlich oder z. T. schwarz, das Winterkleid mehr weiß und grau.

1 Scheitel fast nackt, hinten rot, spärlich mit Borsten bedeckt. Sehr groß: *Gruidae*, Kraniche: Grau. Hals mit weißem Strich.

–140 cm: **Grus cinereus** (Megalornis grus), Grauer Kranich… Nördliches Deutschland.

1′ Scheitel mit anliegenden Deckfedern 2

2–8 Schwanzfedern weich, mehr oder weniger verkümmert. Flügel kurz, nicht länger als Rumpf. Zehen meist sehr lang. Schnabel kräftig, meist spitz: *Rallidae*, Rallen 3

3 Mit nackter Stirnschwiele. Oben einfarbig schwärzlich 4

4 Alle Zehenglieder mit breiten Lappensäumen. Ganz schwarz, mit weißer Stirnschwiele.

–47 cm: **Fulica atra**, Wasserhuhn, Bläßhuhn.

4′ Ohne Lappensäume. Oben schwarzbraun, mit roter Stirnschwiele. Schwanzdecken unten weiß.

–30 cm: **Gallinula chloropus**, Teichhuhn.

3′ Stirn ganz befiedert. Oben bräunlich, gefleckt . . 5

5 Schnabel viel länger als Kopf. Bauchseiten schwarz und weiß gebändert.

–26 cm: **Rallus aquaticus**, Wasserralle.

5′ Schnabel kürzer als Kopf 6

6 Rücken ohne weiß.

–25 cm: **Crex crex**, Wachtelkönig, Wiesenknarre.

6′ Rücken mit weißen Flecken:

Porzana, Sumpfhühnchen 7

7 Untere Schwanzdecken einfarbig rostig. Rücken weiß getüpfelt.

–22 cm: **P. porzana**, Tüpfelsumpfhuhn.

7′ Untere Schwanzdecken schwarz und weiß 8

8 Rücken mit wenigen größeren weißen Flecken:
-20 cm: **P. parva, Kleines Sumpfhuhn.**

8' Rücken mit vielen feinen weißen Strichen:
-17 cm: **P. pusilla, Zwergsumpfhuhn** ... selten.

2' Schwanzfedern wohl entwickelt zu Steuerfedern. Zehen nie auffallend lang **9**

9 Mindestens Hühnergröße. Ohne Hinterzehe. Vorderzehen sehr kurz und dick. Flügel kurz und rund. Schnabel kürzer als Kopf: *Otididae*, Trappen **10**

10 Rostgelb, gefleckt. ♂ mit langem weißem Federbart. -100 cm: **Otis tarda, Große Trappe.** Norden.

10' Rostgelb, gefleckt. ♂ im Sommer mit schwarzem Hals. -50 cm: **Otis tetrax, Zwergtrappe** ... selten.

9' Höchstens Hühnergröße. Flügel lang und spitz, etwa bis Schwanzende **11**

11 Schnabel nicht länger als Kopf, meist vorn hart, kuppenförmig verdickt und unten eckig:
      Charadriidae, Regenpfeifer . Seite 84

11' Schnabel länger als Kopf **12**

12 Schnabel vorn messerartig zusammengedrückt: Austernfischer, s. *Charadriidae*.

12' Schnabel nicht so komprimiert, nie vorn hart und kuppenförmig verdickt, unten nie eckig:
      Scolopacidae, Schnepfen . . Seite 86

Fam. **Charadriidae,** Regenpfeifer.

1 Schnabel etwas gebogen. Wüsten- und Steppenvögel   **2**

2 Schwanz gegabelt. Schnabel kurz. Mit Hinterzehe. -25 cm: **Glareola pratincola, Brachschwalbe** ... Irrgast aus dem Süden.

2' Schwanz nicht gegabelt. Schnabel fast kopflang. Ohne Hinterzehe.
-23, Fl 16 cm: **Cursorius cursor (europaeus),** Rennvogel, Wüstenläufer ... Irrgast aus dem Süden.

1' Schnabel ganz gerade. Kopf meist kugelförmig. .   **3**

3 Mit Hinterzehe **4**

4 Mit Federhaube (Fig. 68). Schwarz mit weißem Bürzel,
unten größtenteils weiß.
-34, Fl 23 cm: **Vanellus vanellus (cristatus)**, Kiebitz.

4′ Ohne Federhaube 5

5 Schnabel vorn deutlich verdickt. Schwarz (braun) und
weiß, klein gefleckt. Unten schwarz, im Winter weiß.
-30, Fl 19 cm: **Squatarola squatarola (helvetica)**, Kiebitz-
regenpfeifer.

5′ Schnabel vorn nicht verdickt.
-24, Fl 15 cm: **Arenaria interpres (Strepsilas)**, Stein-
wälzer.

3′ Ohne Hinterzehe 6

Fig. 68. Kiebitz, mit Federhaube.

6 Schnabel zweimal so lang als Kopf, messerartig schmal,
rot. Schwarz und weiß, nicht gefleckt.
-42, Fl 26 cm: **Haematopus ostralegus**, Austernfischer.

6′ Schnabel viel kürzer 7

7 Schnabel kräftig, von Kopflänge. Zehen kurz und plump.
Augen groß. Hellbraun, gefleckt.
-45, Fl 25 cm: **Oedicnemus crepitans** (Burhinus oedicnemus), Triel, Dickfuß . . nächtlich lebend.

7′ Schnabel dünn, kürzer als Kopf, vorn kuppenförmig
etwas verdickt. Zehen nicht plump:
       Charadrius, Regenpfeifer 8
(Schnabel vorn nicht verdickt: s. *Scolopacidae*, Seite 86.)

8 Schwanz quergebändert. Oben mit kleinen gelben
Flecken. Unten schwarz, im Winter weißlich.
-28, Fl 19 cm: **Ch. apricarius** (pluvialis), Goldregenpfeifer.

8′ Schwanz nicht gebändert 9

9 Hals mit schmalem weißlichem Streif. Unten schwarz
im Sommer, im Winter weiß.
-23, Fl 15 cm: **Ch. morinellus**, Mornellregenpfeifer.

9′ Hals mit breitem weißem Ring: Halsbandregenpfeifer 10

10 Schwarzes Halsband vorn unterbrochen. 1. und 2.
Schwanzfeder ganz weiß.
–18, Fl 11 cm; **Ch. alexandrinus** (cantianus), Seeregen-
pfeifer.
10′ Schwarzes Halsband vorn vollständig **11**
11 1. Schwanzfeder ganz weiß. Schnabelwurzel gelblich.
–19, Fl 13 cm: **Ch. hiaticula**, Sandregenpfeifer.
11′ 1. Schwanzfeder mit schwarzem Fleck. Ganzer Schnabel
schwarz.
–17, Fl 11 cm: **Ch. dubius** (fluviatilis), Flußregenpfeifer.

Fam. **Scolopacidae**, Schnepfenvögel.

1 Gefieder weiß, oben z. T. schwarz, ohne kleinere Flecken.
Beine ungewöhnlich lang, Schnabel dünn **2**
2 Schnabel gerade. Ohne Hinterzehe. Zehen getrennt.
–38, Fl 25 cm: **Himantopus rufipes**, Strandreiter,
Stelzenläufer . . . Irrgast aus Süden.
2′ Schnabel aufwärts gebogen. Mit Hinterzehe. Vorderzehen
mit Schwimmhaut.
–43, Fl 23 cm: **Recurvirostra avosetta**, Säbler, Säbel-
schnabel.
1′ Gefieder braun oder grau, stets dunkel gefleckt . . **3**
3–11 Schnabel länger als nackter Unterschenkel mit Lauf,
oder 2–3 mal so lang als Kopf, stets sehr lang . . **4**
4–7 Längste Zehe so lang oder länger als Lauf: Schnepfen **5**
5 Unterschenkel vorn ganz befiedert:
–30, Fl 20 cm: **Scolopax rusticola**, Waldschnepfe.
5′ Unterschenkel unten unbefiedert:
Gallinago (Capella), Sumpfschnepfen . **6**
6 Scheitel schwarzbraun, ohne hellen Mittelstreifen.
–16, Fl 11 cm: **G. gallinula** (minimus), Kleine Bekassine,
Moorschnepfe.
6′ Scheitel schwarzbraun mit hellem Mittelstreifen . . **7**
7 Die 3 äußeren Schwanzfedern mit weißer Endhälfte.
–28, Fl 15 cm: **G. media** (major), Doppelschnepfe, Pfuhl-
schnepfe.
7′ Höchstens die äußerste Schwanzfeder mit weißer Spitze.
–26, Fl 13 cm: **G. gallinago**, Bekassine, Heerschnepfe,
Himmelsziege.

4′ Längste Zehe kürzer als Lauf. Über 35 cm lang. Flügel
über 20 cm. **8**

8 Schnabel sichelförmig abwärts gebogen:
Numenius, Brachvögel **9**

9 Scheitel schwarzbraun ohne Flecken, mit hellem Mittelstreif.
–52, Fl 25 cm: **N. phaeopus,** Regenbrachvogel.

9′ Scheitel hell mit braunen Flecken, ohne Mittelstreif **10**

10 Schnabel kräftig:
–70, Fl 31 cm: **N. arquatus,** Großer Br., Kronschnepfe,
Keilhaken.

10′ Schnabel sehr dünn:
–50, Fl 25 cm: **N. tenuirostris,** Dünnschnäbliger Brachvogel … Irrgast aus Süden.

8′ Schnabel ganz schwach aufwärts gebogen:
Limosa, Uferschnepfen **11**

11 Schwanz halb schwarz, halb weiß.
–46, Fl 21 cm: **L. aegocephala** (limosa), Schwarz-
schwänzige Uferschnepfe.

11′ Schwanz quergebändert.
–40, Fl 22 cm: **L. lapponica,** Rote Uferschnepfe.

3′ Schnabel kürzer als nackter Unterschenkel mit Lauf,
nie auffallend lang. Weniger als 35 cm. Flügel unter
20 cm **12**

12 Vorderzehen mit gelapptem Rand:
Phalaropus, Wassertreter **13**

13 Schnabel nach vorn breiter.
–20, Fl 13 cm: **Ph. fulicarius** … selten.

13′ Schnabel nach vorn schmäler.
–19, Fl 11,5 cm: **Ph. lobatus** … selten.

12′ Vorderzehen nicht gelappt **14**

14 Ohne Hinterzehe **15**

15 Schnabel gerade, so lang als Kopf. Mit Bindehaut
zwischen den Außenzehen.
–18, Fl 12 cm: **Calidris arenaria** (Crocethia alba),
Sanderling.

15′ Schnabel länger als Kopf, leicht gebogen. Zehen ohne
Bindehaut. Mittlere Schwanzfedern verlängert.
–18, Fl 11 cm: **Limicola falcinellus** (platyrhynchus),
Sumpfläufer … sehr selten.

14′ Mit Hinterzehe. Schnabel länger als Kopf **16**

16–21 Zehen ohne Bindehaut an ihrem Grund (Fig. 69):
         Tringa (Calidris), Strandläufer . . . **17**
17 Füße und Schnabelwurzel gelb. Lauf 22 mm:
   –21, Fl 13 cm: **T. maritima,** Seestrandläufer.
17' Füße und Schnabel schwärzlich **18**
18 Lauf ca 30 mm lang. Schnabel nicht kürzer . . . **19**
19 Schnabel deutlich abwärts gebogen:
   –20, Fl 13 cm: **T. ferruginea,** Bogenschnäbeliger Str.
19' Schnabel ganz gerade.
   –25, Fl 17 cm: **T. canuta,** Isländischer Strandläufer.
18' Lauf höchstens 26 mm **20**
20 Schnabel 25–30 mm.
   –18, Fl 11 cm: **T. alpina** (cinclus), Alpenstrandläufer.
20' Schnabel höchstens 20 mm. Lauf kürzer als 22 mm **21**

Fig. 69. Strandläufer, ohne Bindehaut
zwischen den Zehen.

21 Äußere Schwanzfedern fast rein weiß.
   –15, Fl 10 cm: **T. temmincki** Grauer Strandläufer.
21' Äußere Schwanzfedern höchstens an der Innenfahne weiß.
   –14, Fl 9,5 cm: **T. minuta,** Zwergstrandläufer.

16' Die 2 äußeren Zehen am Grund mit Bindehaut dazwischen (Fig. 52*B*, S. 61) **22**
22 Schnabel kräftig, viel kürzer als Lauf. Schwanzfedern
ohne Weiß. ♂ im Hochzeitskleid mit großem schildförmigem Halskragen, oft mit Warzen im Gesicht.
Bei ♂ –31, Fl 19 cm, Lauf 50 mm. Bei ♀ –25, Fl 16 cm,
Lauf 42 mm: **Philomachus pugnax** (Machetes,
Pavoncella), Kampfläufer, Kampfschnepfe.
22' Schnabel dünn. Schwanzfedern mit Weiß. Ohne Halskragen: **Totanus** (Tringa), Wasserläufer . . . **23**
23 Schwanz überragt die Flügel. Mittlere Schwanzfedern
nicht gebändert. Unterseite weiß. Lauf ca. 27 mm.
   –21, Fl 11 cm: **T. hypoleucos** (Actitis), Flußuferläufer,
Strandpfeifer.

23′ Flügel überragen den Schwanz. Mittlere Schwanzfedern gebändert. Bürzel weiß. Lauf über 32 mm **24**

24 Lauf höchstens 42 mm **25**

25 Schaft der 1. langen Handschwinge heller als die Fahne, z. T. weiß. Lauf ca. 39 mm:
–22, Fl 13 cm: **T. glareola**, Bruchwasserläufer.

25′ Schaft der 1. Handschwinge dunkel, nicht heller als die Fahne. Lauf ca. 34 mm.
–26, Fl 14 cm: **T. ochropus**, Waldwasserläufer.

24′ Lauf 50–62 mm **26**

26 Schnabel 40–44 mm **27**

27 Schnabel etwas aufwärts gebogen. Füße grünlich.
–23, Fl 14 cm: **T. stagnalis**, Teichwasserläufer … Irrgast aus Südost.

27′ Schnabel ganz gerade. Füße gelbrot.
–27, Fl 16 cm: **T. totanus** (calidris), Rotschenkel, Gambettwasserläufer.

26′ Schnabel 52–58 mm **28**

28 Gefieder sehr dunkel. Füße dunkelrot.
–30, Fl 17 cm: **T. fuscus** (erythropus), Dunkler W.

28′ Gefieder sehr hell. Füße grün.
–34, Fl 19 cm: **T. littoreus** (nebularia, glottis), Grünschenkel, Heller Wasserläufer.

7. Ordnung **Rasores**, Hühnervögel.

Hühner sind schlechte, wenig ausdauernde Flieger. Nur die Flughühner fliegen sehr gut. Sie sollen aber mit den echten Hühnervögeln nicht näher verwandt sein, sondern den Möven und Tauben nahestehen. Das zu ihnen gehörige Fausthuhn ist ein seltener Irrgast aus den Steppen von Asien, das in den Jahren 1863 und 1888 in großen Scharen zu uns kam, aber bald wieder verschwand.

Die Hühner sind hauptsächlich Pflanzenfresser, verschmähen aber auch tierische Nahrung nicht. Es sind Standvögel, die auch den Winter bei uns bleiben. Nur die Wachtel ist Zugvogel.

Alle Hühner sind Bodenvögel, unter unseren Landvögeln die einzigen mit mehr oder weniger verkümmerter Hinterzehe, die auch am Boden ihre meist sehr zahlreichen Eier

(6–10 oder mehr) bebrüten. Die Eier sind meist gefleckt und werden bei Schneehühnern größtenteils braun. Nur die Fasane und das Rebhuhn haben ungefleckte Eier. ♂ heißen Hahn, ♀ Henne. Fasan, Auer- und Birkhuhn sind unsere einzigen in Polygamie lebenden Vögel.

Hühnervögel finden sich in allen Erdteilen, aber jede geographische Region ist durch eine besondere Hühnergruppe ausgezeichnet. Für den nördlichen Teil der alten und neuen Welt sind die Waldhühner sehr charakteristisch, für das südöstliche Asien die Fasanen, für Afrika Perlhühner und Frankoline, für das südliche Nordamerika und Zentralamerika die Truthühner, für Südamerika die Baumhühner, für Australien die Großfußhühner. Fast überall verbreitet sind Feldhühner.

1 Hinterzehe fehlt. Flügel und Schwanz lang und spitz. Vorderzehen sehr kurz, verwachsen, dicht befiedert:
Pteroclidae, Flughühner.
−45, Fl 25 cm: **Syrrhaptes paradoxus, Fausthuhn** . . . Irrgast, selten.
1′ Hinterzehe vorhanden. Flügel kurz und abgerundet . 2
2–7 Nasenöffnung befiedert. Lauf ganz oder fast ganz befiedert: *Tetraonidae*, Waldhühner . . . 3
3 Zehen dicht und lang befiedert. Größtenteils weiß (Winterkleid) oder bräunlich (Sommerkleid):
Lagopus, Schneehühner 4
4 Weiß mit schwarzem Strich vor dem Auge:
−35, Fl 20 cm:
♂ von **L. mutus**, Alpenschneehuhn ... Alpen.
4′ Weiß ohne schwarzen Strich, oder braunes bis graues Sommerkleid 5
5 Schnabelwurzel weniger als 10 mm hoch:
L. mutus.
5′ Schnabelwurzel höher als 10 mm:
−40, Fl 20 cm: **L. lagopus (albus)**, Moorschneehuhn ... Ostpreußen, selten.
3′ Zehen nackt, nur seitlich mit stiftförmigen Federstummeln (Balzstifte) 6
6 Lauf ganz unten nicht befiedert. Oben braun, gefleckt. ♂ mit schwarzer Kehle.
−38, Fl 18 cm: **Tetrastes bonasia**, Haselhuhn.

6′ Lauf bis zu den Zehen befiedert. ♂ größtenteils ganz schwarz, ♀ rostgelb, gefleckt:

Tetrao 7

7 Äußere Schwanzfedern nicht verlängert. ♂ mit weißem Schnabel. ♀ mit rostbrauner Brust.

♂ –100, Fl 40 cm, ♀ –65, Fl 30 cm:

T. urogallus, Auerhuhn.

7′ Äußere Schwanzfedern verlängert. Schnabel schwarz. ♂ mit leierförmigem, unten weißem Schwanz (»Stoß«).

♂ –60, Fl 27 cm, ♀ –45, Fl 23 cm:

T. (Lyrurus) tetrix, Birkhuhn, Spielhahn.

Beim Rackelhahn (Tetrao medius), einem Bastard zwischen Auerwild und Birkwild, fast von der Größe des Auerhahns, ist der Schwanz schwach gegabelt wie bei der Birkhenne, und die unteren Schwanzdecken sind weiß mit schwarzen Flecken.

2′ Nasenöffnung unbefiedert. Lauf größtenteils nackt 8

8 Mittlere Schwanzfedern stark verlängert. Kopf mit grell gefärbten nackten Stellen oder Schmuckfedern. ♂ mit Prachtkleid und mit Sporn am Lauf:

Phasianidae, Fasane 9

9 ♂ mit metallisch schwarzem Kopf und Hals.

♂ –80, Fl 25 cm; ♀ –60, Fl 23 cm:

Phasianus colchicus, Fasan, Jagdfasan, stammt vom Schwarzen Meer.

9′ Ebenso, aber mit weißem Halsring:

Ph. torquatus, Ringfasan . . . stammt von China, vielfach gekreuzt mit dem Jagdfasan.

Hierher auch:

Gallus domesticus, Haushuhn . . stammt von Indien.

Pavo cristatus, Pfau . . . stammt von Indien.

Meleagris gallopavo, Truthuhn, Puter . stammt von Nordamerika.

Numida meleagris, Perlhuhn, stammt von Westafrika.

8′ Schwanzfedern nicht verlängert, etwa gleich lang. ♂ gleicht dem ♀. Kein Prachtkleid oder Schmuckfedern. Kein Sporn am Lauf:

Perdicidae, Feldhühner 10

10 Kehle weiß mit schwarzem Rand. Oben einfarbig grau.
Seiten schwarz und hell gebändert.
-35, Fl 17 cm: **Caccabis saxatilis** (Alectoris graeca),
Steinhuhn ... Alpen, selten.

10′ Keine auffallende Zeichnung. Oben braun gefleckt 11

11 Schwanzfedern wohl entwickelt. ♂ mit braunem Bauch-
fleck.
-30, Fl 16 cm: **Perdix perdix** (cinerea), Rebhuhn.

11′ Schwanzfedern weich und sehr kurz.
-18, Fl 11 cm: **Coturnix coturnix** (dactylisonans),
Wachtel.

8. Ordnung **Raptatores,** Raubvögel.

Die Raubvögel jagen auf verhältnismäßig große Beute,
besonders auf Wirbeltiere, die sie mit ihren scharfen gekrümmten Krallen (Fängen) ergreifen und mit ihrem spitzen
hakenförmigen Schnabel zerreißen. Die dabei verschlungenen
Haare und Federn nebst Knochen werden nachher als
»Gewölle« ausgespieen, das man dann an den Schlaf-
plätzen oft in großer Menge finden kann. Die Geier leben
nur von verendeten größeren Tieren (Aas), die auch von
Adlern nicht verschmäht werden. Die mittelgroßen (Bussard-
größe) und kleineren Raubvögel, besonders Turmfalken,
Bussarde, und Eulen verdienen als eifrige Mäusevertilger
jede Schonung. Die größeren Raubvögel sind so selten
geworden, daß sie als »Naturdenkmäler« schonungs-
bedürftig sind.

Zwischen den bei Nacht jagenden Eulen (Nachtraub-
vögel) und den übrigen, den Tagraubvögeln, besteht keine
nähere Verwandtschaft.

Geier kommen nur als seltene Irrgäste aus dem Süden
oder Osten zu uns. Der Lämmergeier bewohnt die Gebirge
im südlichen Europa und nördlichen Afrika bis nach Asien.
In den Alpen ist er ausgerottet.

1–4 Schnabelwurzel mit nackter weicher Wachshaut, in der
die Nasenlöcher sichtbar sind (Fig. 70). Augen seitlich. 2

2 Kopf und Hals mit anliegenden Deckfedern:
Falconidae . . . . . . Seite 93

2′ Kopf, meist auch Hals nackt oder mit Dunenfedern:
Vulturidae, Geier 3
3 Kopf nackt. Erwachsen weißlich, jung dunkelbraun.
−75, Fl 52 cm: **Neophron percnopterus, Aasgeier.**
3′ Kopf und Hals mit Dunen (Flaumfedern). Mit Halskragen. 4
4 Dunen und Halskragen weiß.
−112, Fl 68 cm: **Gyps fulvus,** Gänfegeier.
4′ Dunen und Halskragen braun.
−116, Fl 78 cm: **Vultur monachus,** Mönchsgeier, Kutten-
geier.

1′ Schnabelwurzel und Nasenlöcher von Federn oder Borsten dicht bedeckt 5
5 Augen seitlich. Kopf und Hals mit anliegenden Deckfedern. Schnabelwurzel mit anliegenden langen schwarzen Borstenfedern. Schwanz keilförmig, lang:
Gypaëtidae, Geieradler.
a) Alt mit gelbem, Jung mit schwarzem Kopf:
−110 cm: **Gypaëtus barbatus,** Lämmergeier, Bartgeier . . . In den Alpen ausgerottet.
5′ Augen nach vorn. Kopf, Hals und Schnabelwurzel mit
aufrecht stehenden Federn. 1. Handschwinge mit gezähntem Außenrand. Außenzehe kann nach hinten gewendet werden: *Strigidae*, Eulen . . . . Seite 98

Fam. **Falconidae,** Tagraubvögel.

Die meisten unserer Tagraubvögel sind Zugvögel, die
hier brüten und im Herbst nach dem Süden ziehen. Nur
Wanderfalt, Mäufebuffard, Habicht und Sperber, auch Stein-
und Seeadler bleiben zum Teil im Winter hier. Der Rauh-
fußbuffard ist bei uns nur Wintergast.

Die Weihen brüten am Boden, die übrigen auf Bäumen,
seltener auf Felsen. Bei allen Raubvögeln sind die Weibchen
größer als die Männchen. Nur bei kleineren Falten und
bei Weihen ist Männchen und Weibchen sehr verschieden
gefärbt.

Die Eier der Raubvögel sind an beiden Polen ziemlich
stumpf, oft fast kugelförmig, gewöhnlich weiß mit groben

unregelmäßigen Flecken, bei Falken so stark gefleckt, daß sie größtenteils braun sind. Nur Weihen, Habicht, Schlangen- und Seeadler haben meist ungefleckte weiße Eier.

Außer den Falken zeigen noch 3 Arten, Wespenbuſſard, Schlangen- und Fiſchadler netzförmige Beschilderung der Läufe; deren Lieblingsnahrung besteht aus nicht warmblütigen Tieren. Als „Adler" werden gern alle großen Tagraubvögel über Bussard- größe bezeichnet.

1   Rand des Oberschnabels jederseits mit scharfem Zacken hinter der Spitze (Fig. 70). Lauf nur mit kleinen Schil- dern bekleidet (netzförmig):

Falco, Falken . . . . . Seite 97

1′ Kein scharfer Zacken (Zahn) am Oberschnabel . .   **2**

Fig. 70. Falke, Schnabelrand mit scharfem Zacken. Wachshaut mit Nasenöffnung.

Fig. 71. Wespenbussard, Zügel (vor dem Auge) mit Federn.

2   Lauf bis zu den Zehen befiedert **3**

3   Unterseite der S c h w u n g f e d e r n (große Flügelfedern) und deren Schaft größtenteils weiß.

     –50, Fl 43–45 cm: **Archibuteo lagopus,** Rauhfußbuſſard . . . Wintergast.

3′ Oben sowie die Unterseite der Schwungfedern und deren Schaft größtenteils dunkelbraun:

Aquila, Adler.

   a) –95, Fl 70 cm. Alt mit weißer Schwanzwurzel, Lauf hell befiedert: **A. chrysaëtos** (fulva), Steinadler, Goldadler . . . sehr selten geworden.

   b) –75, Fl 55 cm. Jung mit hellen Flecken auf Flügeln: **A. clanga,** Schelladler … Irrgast aus Osten.

   c) –70, Fl 52 cm. Lauf einfarbig dunkelbraun befiedert: **A. pomarina,** Schreiadler .. Nordosten.

   d) –50, Fl 36 cm. Alt mit weißen Schultern: **A. pennata,** Zwergadler .. sehr selten.

2′ Unterer Teil des Laufes nicht befiedert 4

4 Lauf vorn und seitlich mit kleinen, gleichgroßen Horn-
schildern oder -schuppen (netzförmig, Fig. 72a) . . 5

5 Zügel (zwischen Auge und Schnabelwurzel) nur mit
schuppenartigen Federn (Fig. 71). Schwanz abwechselnd
mit breiten und schmalen Querbinden.
–60, Fl 42 cm: **Pernis apivorus, Wespenbussard.**

5′ Zügel nur mit Borsten (wie Fig. 70). Unten weiß . 6

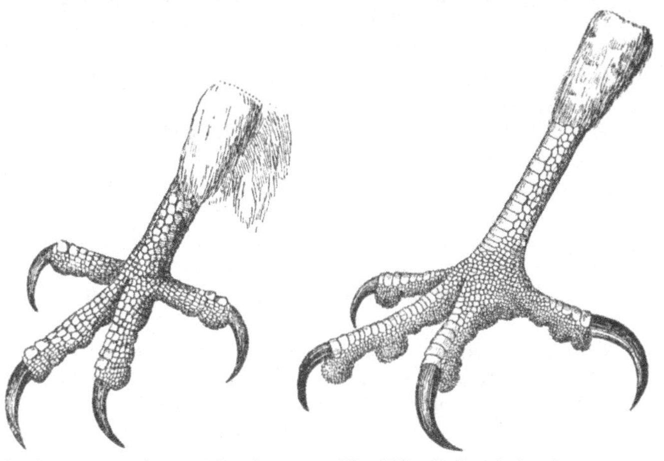

Fig. 72a. Wespenbussard, Lauf nur   Fig. 72b. Habicht, Lauf vorn
mit kleinen Schildern (genetzt).   mit großen breiten Schildern (getäfelt).

6 Lauf viel länger als Mittelzehe. Zehen sehr kurz.
–70, Fl 55 cm: **Circaëtus gallicus, Schlangenadler** . . .
selten.

6′ Lauf kürzer als Mittelzehe, sehr dick, innen dornig wie
die Zehen unten. Krallen sehr kräftig.
–65, Fl 52 cm: **Pandion haliaëtus, Fischadler.**

4′ Lauf vorn mit 1 Reihe großer Hornschilder (getäfelt),
seitlich mit kleinen (Fig. 72b) 7

7 Sehr groß, –90, Fl 70 cm. Alt mit weißem Schwanz.
Schnabel hinten gerade:
Haliaëtus albicilla, Seeadler . . . .
vereinzelt.

7′ Kleiner, höchstens –65, Fl 53 cm. Schnabel von der Wurzel an gebogen **8**

8 Schwanz gegabelt (mittlere Schwanzfedern am kürzesten):   **Milvus, Milane.**

  a) Schwanz tief gegabelt, oben hell rostfarbig.

    –65, Fl 53 cm: **M. milvus, Gabelweihe, Roter Milan, Königsweihe.**

  b) Schwanz wenig tief gegabelt, ·oben schwarzbraun.

    –55, Fl 48 cm: **M. migrans** (korschun), **Schwarzer Milan.**

8′ Schwanz nicht gegabelt **9**

9 Schwanz rotbraun mit zahlreichen (ca. 12) schmalen Querbinden.

  –56, Fl 40 cm: **Buteo buteo, Mäusebussard, Bussard, Mauser.**

9′ Schwanz ohne oder mit wenigen und breiten Querbinden oder Flecken **10**

10 Flügel kürzer als $^2/_3$ der Körperlänge, reichen nur bis Mitte des Schwanzes. Alt unten grau mit zahlreichen schmalen Querbinden (gesperbert). ♀ viel größer als ♂.   **Accipiter** (Astur) **11**

11 Größer. Lauf und Zehen kräftig (Fig. 72b). Innenzehe ist ohne Kralle bedeutend länger als 1. Glied der Mittelzehe. Jung unten mit braunen Längsflecken.
50–60, Fl 32–38 cm: **A. palumbarius** (gentilis), **Habicht, Hühnerhabicht.**

11′ Kleiner. Nackter Lauf und Mittelzehe sehr lang und schlank. Innenzehe ist ohne Kralle kaum länger als 1. Glied der Mittelzehe.
30–40, Fl 17–20 cm: **A. nisus, Sperber, Finkenhabicht.**

10′ Flügel viel länger als $^2/_3$ der Körperlänge, reichen bis Schwanzende. Lauf lang, größtenteils nackt: **Circus, Weihen** **12**

12 Schwanz nicht gebändert. Lauf ziemlich kräftig. Braun, ♀ mit weißlichem Kopf.
–58, Fl 42 cm: **C. aeruginosus** (rufus), **Rohrweihe, Sumpfweihe.**

12′ Schwanz mehr oder weniger deutlich gebändert oder gefleckt. Lauf sehr lang und sehr schlank. Ganzer

Körper sehr schlank. ♂ hell blaugrau, unten größtenteils weiß, ♀ und Junge braun, gefleckt. (Strigiceps) –50, Fl 34–37 cm **13**

13 Außenfahne auch der 5. Handschwinge (die ersten großen Flügelfedern) verengt. 4. Schwinge so lang als 3.:

C. cyaneus, Kornweihe, Weiße Weihe.

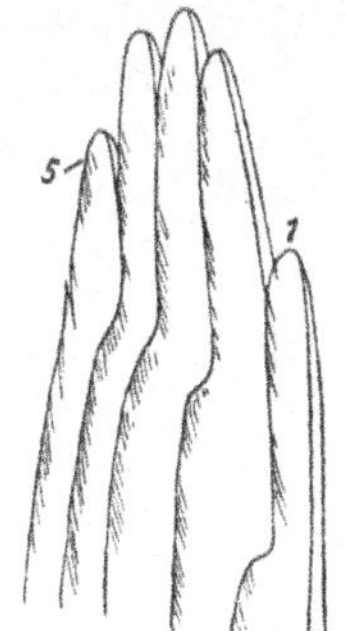

Fig. 73. Steppenweihe, 3. Handschwinge
länger als 4. Innenfahne der
1.—4. Schwinge eingeschnürt oder verengt.

13′ Außenfahne der 5. Schwinge nicht verengt. 4. Schwinge kürzer als 3. (Fig. 73). 1. Schwinge nahe oberen Deckfedern verengt: **C. macrurus, Steppenweihe**... Durchzügler.

13″ Ebenso, aber 1. Schwinge weit entfernt von den oberen Deckfedern verengt. Bei ♂ Flügel mit schwarzer Querbinde.   **C. pygargus, Wiesenweihe.**

Gattung FALCO, Falken.

Die Falken, kenntlich an dem scharfeckigen »Zahn« hinter der Schnabelspitze (Fig. 70, S. 94), gehören zu den gewandtesten und schnellsten Fliegern unter den Vögeln. Einige wie der Wanderfalk und Baumfalk erbeuten nur Vögel und Insekten im Flug. Wanderfalken finden sich das ganze Jahr bei uns, Baum- und Turmfalt sind einheimische Zugvögel. Der Abendfalk kommt nur auf dem Durchzug vom Osten her, der Zwergfalt vom Norden her. Als seltene Irrgäste erscheinen vom Süden her der Rötelfalt, vom Norden her im Winter der stattliche Jagdfalt. Dieser war früher neben dem Wanderfalt und dem Habicht besonders hoch geschätzt als Beizvogel für die Jagd.

1 Schwarzer Backenstreif unter dem Auge breit und sehr
   auffallend **2**

2 Groß. Hosen (Gefieder des Unterschenkels) weißlich,
   gebändert oder gefleckt. Alt unten gesperbert, Junge
   mit Längsflecken. ♀ beträchtlich größer als ♂.
   40–50, Fl 31–37 cm: **F. peregrinus, Wanderfalk.**

2′ Klein. Hosen rostrot, bei Jungen mit Längsflecken.
   30–35, Fl 26 cm: **F. subbuteo, Baumfalk, Lerchenfalk.**

1′ Schwarzer Backenstreif fehlt oder sehr schmal . . **3**

3 Groß. Gefieder weiß, mehr oder weniger schwarz gefleckt.
   –65, Fl 40 cm: **F. rusticolus (gyrfalco, candicans),**
                      Jagdfalk, Gerfalk . . . Irrgast.

3′ Klein. 31–35, Fl 20–27 cm. Gefieder ohne oder fast
   ohne Weiß. **4**

4 Krallen weißlich. Rücken und Schwanz bei ♂ einfarbig,
   bei ♀ und Jungen gefleckt **5**

5 Rücken schiefergrau: **F. vespertinus (rufipes), Abendfalk.**

5′ Rücken rostrot: **F. naumanni, Rötelfalk** . . . Irrgast.

4′ Krallen schwarz. Rücken gefleckt. Schwanz bei ♂ nur
   mit einer breiten Endbinde, bei ♀ außerdem mit zahlreichen schmalen Querbinden. **6**

6 Oben grau bei ♂, bräunlich bei ♀ und Jungen. Schwanz
   unter 14 cm: **F. columbarius (aesalon), Zwerg-**
                    falk, Merlinfalk.

6′ Oben rostrot. Schwanz über 15 cm lang:
                    F. tinnunculus, Turmfalk, Rüttelfalk.

Fam. **Strigidae.** Eulen.

Die Eulen sind nächtlich lebende Raubvögel mit auffallend großen Augen und weichem, meist düster gefärbtem
Gefieder. Sie werden jetzt neben die Nachtschwalben zu
den Coraciiformes gestellt. Unsere einheimischen Arten
bleiben das ganze Jahr bei uns, nur eine Art, die Sumpfohreule zieht im Winter nach dem Süden. Einige seltene
Arten sind nur Wintergäste aus dem Norden oder Nordosten und finden sich dann bei uns meist auch nur im
Norden, wie Schneeeule, Sperbereule, Rauhfußkauz, Habichtkauz, deren Zehen besonders lang und dicht befiedert sind.

Eulen brüten meist in Baumhöhlen, nur die Sumpfohreule auf dem Boden. Die Eier sind rein weiß, meist
etwas glänzend und von fast kugeliger Gestalt.

Die äußere Zehe kann nach hinten gewendet werden
(Wendezehe). Viele Eulen besitzen einen deutlichen
»Schleier«, nämlich ein sehr großes, meist rundes, scharf
abgegrenztes Feld rings um das Auge (auch oberhalb des
Auges), das aus strahlenförmig angeordneten feinen Federn
besteht (Fig. 74).

1–4 Schnabel schwarz (wenigstens vorn) 2
  2 Gefieder schneeweiß, mit schwarzen Flecken und Stri-
     chen. Zehen sehr lang befiedert.
     –60, Fl 45 cm: **Nyctea nyctea** (scandiaca, nivea),
     Schneeeule ... selten, im Winter.

Fig. 74. Waldohreule, mit Schleier um das
Auge und mit Federohren.

  2′ Gefieder dunkel. Meist mit langen Federohren . . 3
  3 Zehen ganz unbefiedert. Kein »Schleier« um die Augen.
     –20, Fl 15 cm: **Scops scops**, Zwergohreule ... Irrgast aus
     dem Süden.
  3′ Zehen dicht befiedert. Gefieder rostgelb, braun gefleckt 4
  4 Sehr groß, –65 cm. Ohne Schleier.
     Fl –48 cm: **Bubo bubo**, Uhu ... sehr selten geworden.
  4′ Mittelgroß, –35 cm. Schleier sehr deutlich (Fig. 74).
     Auge gelb: **Asio** (Otus).
    a) Unten dunkle Längsstriche auf den Federn mit feinen
       Querästchen. Federohren groß.
       Fl –30 cm: **A. otus**, Waldohreule.
    b) Unten Längsstriche ohne Querästchen. Federohren
       ganz undeutlich:
       Fl –32 cm: **A. accipitrinus** (flammeus), Sumpfohreule.

1' Schnabel weißlich. Ohne Federohren 5
5 Zehen nur mit locker stehenden Borsten 6
6 Ohne Schleier. Graubraun, oben und unten mit weißen
Flecken.
–24, Fl 16 cm: **Athene noctua, Steinkauz, Käuzchen.**
6' Ein auffallender Schleier. Oben zart lichtgrau, unten
weiß bis rotgelb. Mit kleinen Perlflecken.
–33, Fl 29 cm: **Strix flammea** (Tyto alba), Schleiereule.
5' Zehen dicht befiedert 7
7 Ohne Schleier. Zehen sehr lang befiedert. 8
8 Unten weißlich, quer gebändert (gesperbert). Schwanz
lang, mittlere Federn verlängert.
–40, Fl 24 cm: **Surnia ulula** (nisoria), Sperbereule ...
Winter, im Nordosten.
8' Unten nicht gesperbert. Schwanz kurz, abgerundet. 9
9 Sehr klein.
–16, Fl 10 cm: **Glaucidium passerinum,** Sperlingskauz
. . . selten, im Gebirge.
9' Größer, dem Steinkauz ähnlich.
–25, Fl 17 cm: **Nyctale funerea** (Aegolius tengmalmi),
Rauhfußkauz ... selten.
7' Schleier rund, auch über dem Auge sehr deutlich:
Syrnium (Strix) 10
10 Schleier auf seiner ganzen Fläche mit zahlreichen (9–12)
konzentrischen dunklen Ringen rings um das Auge.
–70, Fl 45 cm: **S. nebulosum,** Bartkauz, Lapplandskauz
... Irrgast.
10' Schleier ohne konzentrische Ringe 11
11 Schwanz lang, mittlere Federn verlängert.
–60, Fl 36 cm: **S. uralense,** Habichtkauz, Uralkauz...
selten, Ostpreußen.
11' Schwanz kürzer, Federn gleich lang. Grau oder rotbraun.
–44, Fl 28 cm: **S. aluco,** Waldkauz.

9. Ordnung **Columbae,** Tauben.

Tauben sind über die ganze Erde verbreitet mit Ausnahme der kalten Regionen. Außerordentlich reich und
farbenprächtig sind sie auf der Inselwelt zwischen Australien und Asien entwickelt.

Tauben sind reine Körnerfresser, unsere Wildtauben sämtlich Zugvögel. Sie brüten auf Bäumen in lockeren Nestern, die Hohltaube in Baumhöhlen. Unsere oft verwilderte Haustaube brütet an Gebäuden (ursprünglich auf Felsen) und geht fast nie auf Bäume. Tauben legen nur je 2 Eier von rein weißer Farbe. Die Jungen werden mit einem käseartigen Sekret aus dem Kropf geatzt.

1 Oben teilweise rostfarben, ohne metallischen Glanz. Schwarzweißes Halsband. Äußere Schwanzfedern mit weißer Spitze.
   −28 cm: **Turtur auritus, Turteltaube.**

1′ Gefieder blaugrau, am Hals mit Metallschimmer. Schwanz ohne Weiß **2**

2 Weißer Halsfleck. Flügel mit weißem Vorderrand.
   −40 cm: **Palumbus torquatus, Ringeltaube.**

2′ Hals und Flügel ohne Weiß:
           Columba **3**

3 Bürzel (hinterster Teil des Rückens) grau.
   −30 cm: **C. oenas, Hohltaube.**

3′ Bürzel weiß.
   −34 cm: **C. livia, Felstaube, Haustaube.**

10. Ordnung **Coraciiformes, Rakenvögel.**

Eine Anzahl von sehr charakteristischen und leicht kenntlichen Familien von Landvögeln, die den Singvögeln etwas ähneln und in den wärmeren Erdgegenden z. T. weit verbreitet sind, haben mit Ausnahme der Spechte in Deutschland nur je 1 (2) Vertreter. Fast alle brüten in Baumhöhlen oder Erd- oder Mauerlöchern, legen weiße, ungefleckte, oft lebhaft glänzende Eier und tragen zum größten Teil auffallend bunte Farben. Nur die Nachtschwalbe mit weichem eulenartigem Gefieder legt ihre gefleckten Eier auf den bloßen Erdboden. Hierher gehören auch die Segler mit ihrem schwarzbraunen Gefieder, die zu den schnellsten Fliegern zählen und ihre Beute im Fluge fangen wie die Schwalben, denen sie ähneln. Alle hierher gehörigen Formen sind ausschließlich Kleintierfresser.

Nur der Eisvogel und die echten Spechte mit zugespitzten Schwanzfedern überwintern bei uns, alle andern sind Zugvögel.

Spechte können an Baumstämmen klettern, aber nur aufwärts. Sie brüten in selbstgemeißelten Baumhöhlen und sind die einzigen hierher gehörigen Formen, die auffallendere Geschlechtsunterschiede zeigen, allerdings nur am Kopf, wo die Männchen oft einen grellroten Scheitel tragen, der bei den Weibchen fehlt oder von geringerer Ausdehnung ist. Spechte gibt es in allen Erdteilen mit Ausnahme von Australien.

Eisvögel sind hauptsächlich Fischfresser und halten sich nur am Wasser auf. Sie finden sich in allen Erdteilen, in größter Mannigfaltigkeit und Farbenpracht aber auf der Inselwelt zwischen Australien und Asien.

Zu den Coraciiformes werden auch die Eulen gerechnet, nicht aber der hier auch aufgenommene Kuckuck, der bei uns der einzige Vertreter seiner über alle Erdteile verbreiteten Familie ist. Er legt bekanntlich seine auffallend kleinen, meist gefleckten Eier in die Nester von Singvögeln, die viel kleiner sind als er, und läßt seine Jungen von diesen aufziehen.

1–5 Drei Zehen nach vorn, eine nach hinten 2
2–5 Schnabel groß oder lang. Gefieder bunt 3
 3 Fersengelenk unbefiedert. Zwei Vorderzehen miteinander verwachsen (Fig. 75). 4
 4 Schnabel gerade, sehr groß: *Alcedinidae*
  a) Schwanz sehr kurz. Schnabel rot. Oben metallisch blau, unten braungelb.
   –17, Fl 8 cm: **Alcedo ispida** (atthis), Eisvogel.
 4′ Schnabel gebogen. Mittlere Schwanzfedern verlängert: *Meropidae.*
  a) Gefieder grün und gelb.
   –26, Fl 15 cm: **Merops apiaster**, Bienenfresser ... Irrgast aus Süden.
 3′ Fersengelenk befiedert. Zehen frei 5
 5 Hinterkralle nicht am größten: *Coraciidae*
  a) Gefieder blau, Rücken bräunlich.
   –31, Fl 20 cm: **Coracias garrula**, Blauracke, Mandelkrähe . . . im Osten.

5′ Hinterkralle am größten, aber Lauf hinten mit Schuppen. Große Federhaube. Schnabel länger als Kopf, dünn, gebogen: *Upupidae.*
   a) Rostgelb, schwarz und weiß gescheckt.
      –29, Fl 15 cm: **Upupa epops, Wiedehopf.**
2′ Schnabel sehr kurz, aber breit (Fig. 76). Mundspalte sehr weit, bis hinter die Augen. Mittelkralle kammförmig. Gefieder rindenähnlich, sehr weich. Augen sehr groß. Nächtlich lebend: *Caprimulgidae.*
   a) –26, Fl 20 cm: **Caprimulgus europaeus, Nachtschwalbe, Ziegenmelker.**

Fig. 75. Eisvogel, 2 Zehen miteinander verwachsen.

Fig. 76. Nachtschwalbe, Schnabel sehr kurz.

1′ Vier oder nur zwei Zehen nach vorn. 6
6 Vier Zehen nach vorn (Fig. 59, S. 64). Schnabel sehr klein. Mundspalte sehr weit. Schwanz gegabelt. Flügel sehr lang und schmal: *Cypselidae,* **Segler.**
   a) Schwarzbraun, nur Kehle weißlich.
      –19, Fl 17,5 cm: **Cypselus apus, Turmschwalbe, Mauersegler.**
   b) Oben schwarzbraun, unten fast ganz weiß.
      –24, Fl 22 cm: **C. melba, Alpensegler** . . . Irrgast aus den Hochalpen.
6′ Zwei Zehen nach vorn, zwei (selten eine) nach hinten (Fig. 58, S. 64) 7
7 Schnabel leicht gebogen: *Cuculidae,* **Kuckucke.**
   a) Kopf ohne Haube. Grau, Bauch mit schmalen dunklen Querbinden (gesperbert). ♀ mehr rostrot.
      –31, Fl 22 cm: **Cuculus canorus, Kuckuck.**
   b) Hinterkopf mit Haube. Bauch weißlich.
      –40 cm: **Clamator glandarius, Häherkuckuck** . . . Irrgast aus Süden.

7′ Schnabel ganz gerade, spitz: *Picidae* **8**

8 Schwanzfedern weich, hinten breit abgerundet. Rinden-
farbig.
−18, Fl 9 cm:　　Jynx torquilla, Wendehals.

8′ Schwanzfedern steif, hinten zugespitzt (Fig. 77). Schnabel kräftig, meißelförmig: Spechte **9**

9 Gefieder ganz schwarz. ♂ mit rotem Scheitel, ♀ mit
rotem Genick.
−48, Fl 25 cm:　　Dryocopus martius, Schwarzspecht.

9′ Gefieder nicht ganz schwarz **10**

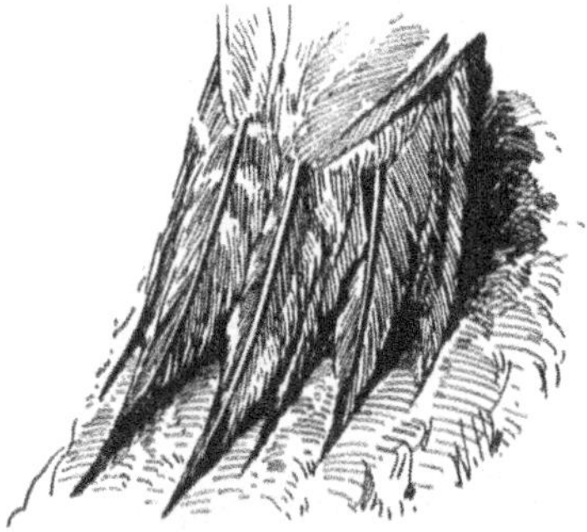

Fig. 77. Specht, Schwanz-
federn hinten zugespitzt, steif.

10 Gefieder grünlich: **Picus**, Grünspechte:
　a) Scheitel ganz rot. ♂ mit rotem Bartstreif:
　　−30, Fl 16 cm: **P. viridis**, Grünspecht.
　b) Scheitel grau. ♂ mit roter Stirn.
　　−30, Fl 15 cm: **P. canus (viridicanus)**, Grauspecht.

10′ Gefieder schwarz mit weiß: Buntspechte **11**

11 Nur eine Hinterzehe. ♂ mit gelbem, ♀ mit weißge-
flecktem Scheitel. Aftergegend nicht rot.
−23, Fl 12 cm:　　Picoides　tridactylus,　Dreizehiger
Specht . . . Alpen; auch im Osten.

11′ Mit zwei Hinterzehen:
　　　　　Dryobates (Dendrocopus) **12**

12 Aftergegend nicht rot. Rücken schwarz und weiß. ♂ mit
rotem Scheitel, ♀ mit weißer Stirn.
−16, Fl 9 cm:　　**D. minor**, Kleiner Buntspecht.

12′ Aftergegend rot **13**

13 Hinterer Teil des Rückens weiß. ♂ mit rotem Scheitel.
–28, Fl 14 cm: **D. leuconotus,** Elſterſpecht … Alpen.

13′ Rücken ganz schwarz **14**

14 Scheitel schwarz, ♂ mit rotem Genick.
–24, Fl 13 cm: **D. major,** Großer Buntſpecht.

14′ Scheitel ganz rot, bei ♀ hinten etwas gelblich.
–21, Fl 12 cm: **D. medius,** Mittlerer Buntſpecht.

11. Ordnung **Oscines,** Singvögel.

Zu den Singvögeln gehört bei uns im Binnenland etwa die Hälfte der einheimischen Brutvögel. Es sind meist kleine oder sehr kleine Vögel, nur die Rabenvögel erreichen Mittelgröße. Stets ist bei ihnen die Hinterkralle die längste und kräftigste ihrer Krallen (Fig. 60, S. 64). Die erste ihrer 10 ursprünlichen S c h w u n g f e d e r n (die großen Flügelfedern) ist stets stark verkürzt, höchstens etwa halb so lang als die längste Schwungfeder, sehr oft aber nur ein winziges starres Federchen auf der Unterseite der 2. Schwungfeder (Fig. 78,1, S. 107). Bei einigen fehlt es sogar ganz, sodaß bei ihnen eine verkümmerte 1. Schwungfeder überhaupt nicht vorhanden ist. Der Lauf zeigt vorn und jederseits hinten in seiner ganzen Länge höchstens einige einfache Quernähte, die hinten meist ganz verschwinden (Fig. 60, S. 64), bei einigen Gruppen auch vorn (gestiefelter Lauf). Der Kehlkopf besitzt eine kompliziertere Muskulatur als bei den übrigen Vögeln.

Die meisten Singvögel sind ausgesprochene Baumvögel. Einige sind aber ebenso ausgesprochene Bodenvögel, was meist an ihrer gestreckten Hinterkralle zu erkennen ist (Fig. 61, S. 64). Sie fressen Kleintiere, einige aber Körner.

Die Singvögel haben meist sehr charakteristische S t i m m ä u ß e r u n g e n, an denen sie mit großer Sicherheit erkannt und unterschieden werden können. Besonders im Frühjahr zur Brutzeit lassen die Männchen ihren bei manchen Arten äußerst wohllautenden oder kunstvollen und anziehenden Gesang hören. Solche Vogelstimmen kennen und unterscheiden zu lernen erfordert durchaus keine besondere musikalische Begabung.

Die Nester der Singvögel sind meist viel sorgfältiger gebaut als die anderer Vögel, mitunter sehr kunstvoll. Die meist tiefe Nestmulde ist gewöhnlich mit Federn, Haaren, feinen Halmen oder Pflanzenwolle u. a. weich ausgepolstert. Das Gelege besteht in der Regel aus 4–7 Eiern, bei Meiſen und Klettermeiſen mehr.

Von den einzelnstehenden Arten, die jeweils die einzigen Vertreter ihrer Familien bei uns sind, sind Kleiber, Zaunkönig und Wasserſtar Stand- und Strichvögel, die das ganze Jahr bei uns bleiben. Der Seidenſchwanz kommt bald seltener, bald in großen Scharen zu uns als Wintergast, und der Pirol, der zu einer den Paradiesvögeln von Neuguinea nahestehenden Familie tropischer Vögel gehört, ist einer der Zugvögel, die erst sehr spät im Frühjahr bei uns ankommen (Pfingſtvogel) und sehr früh wieder wegziehen. Sein Nest hängt beutelförmig in einer Astgabel und enthält 4–5 weiße Eier mit wenigen schwarzen Punkten. Der Wasserſtar lebt an Gebirgsbächen und sucht unter dem Wasser seine Nahrung. Sein Nest mit ganz weißen Eiern besteht hauptsächlich aus Moos und findet sich in Felslöchern. Auch das des Zaunkönigs mit weißen rotgefleckten Eiern ist wesentlich aus Moos hergestellt und steht nahe dem Boden in einem Versteck.

Die Familien der Singvögel.

1   Schwanzende gelb. Kopf mit Haube. Kehle und Augenstrich schwarz. Einige Flügelfedern mit roten Hornplättchen: 13. Fam. *Ampelidae*:
    a) –20, Fl 12 cm: **Bombycilla garrula,** Seidenſchwanz . . Wintergast.

1′   Schwanz ohne gelbe Endbinde 2

2   Hornbekleidung des Laufes zeigt hinten wie vorn in etwa gleichen Abständen einfache Quernähte (Fig. 61, S. 64):
          1. Fam. *Alaudidae*, Lerchen . . Seite 109

2′   Lauf hinten ohne deutliche Quernähte (Fig. 60, S. 64), oder befiedert 3

3   Keine stark verkürzte erste Handschwinge, höchstens halb so lang als die längste (nur 9 Handschwingen) .   4

4 Schnabel dünn und pfriemenförmig (Fig. 79). Armschwingen (Fig. 53*A*, S. 61) verlängert, reichen mindestens bis zur Spitze der 5. Handschwinge. Hinterkralle
meist gerade: 2. Fam. *Motacillidae*, Stelzen . . . S. 110

4′ Schnabel sehr kurz, aber breit und weit gespalten (wie
Fig. 76, S. 103). Flügel sehr lang und spitz. Schwanz
gegabelt: 3. Fam. *Hirundinidae*, Schwalben. S. 111

4″ Schnabel kegelförmig, mit dicker Wurzel (Fig. 80):
15. Fam. *Fringillidae*, Finken. Seite 122

Fig. 78. Nachtigall,
1—5 Handschwingen, die 1. unter der 2.
liegende stark verkürzt, etwas länger als
die Flügeldecken.

Fig. 79. Bachstelze,
Schnabel pfriemenförmig.

Fig. 80. Sperling,
Schnabel kegelförmig.

3′ Eine stark verkürzte, oft winzige, aber steife erste
Handschwinge auf der Unterseite der 2. (langen) Schwinge
vorhanden (Fig. 78,*1*), aber höchstens halb so lang wie die
längste (10 Handschwingen) 5

5 Nasenlöcher ganz unter Federn verborgen. 1. Handschwinge ziemlich groß 6

6 Groß, länger als 30 cm. Schnabel groß und kräftig:
5. Fam. *Corvidae*, Raben . . Seite 112

6′ Klein, kürzer als 20 cm. Schnabel nicht groß. . . 7

7 Zehen kürzer als Lauf. Schnabel kürzer als Kopf:
6. Fam. *Paridae*, Meisen . . Seite 114

7′ Hinterzehe länger als Lauf. Schnabel kopflang:
8. Fam. *Sittidae*. (s. Seite 116)

a) Oben blaugrau, unten rostrot. Schwarzer Strich durchs Auge:

-16, Fl 8 cm: **Sitta europaea, Kleiber, Spechtmeiſe.**

5' Nasenlöcher frei, nicht unter Federn verborgen . . 8

8 Schnabel sehr dünn und gebogen, entweder viel länger als Kopf, oder Schwanzfedern hinten zugespitzt (wie beim Specht). Zehen sehr lang:

7. Fam. *Certhiidae*, Klettermeiſen S. 116

8' Anders 9

9 Scheitel allein leuchtend gelb:

Regulus . . . zu *Paridae* Seite 114

9' Scheitel nicht oder nicht allein leuchtend gelb . . 10

10 Hinter der etwas hakenförmigen Schnabelspitze jederseits ein kräftiger scharfeckiger Zacken (Fig. 81) am Schnabelrand. Meist ein schwarzer Strich durch das Auge:

4. Fam. *Laniidae*, Würger ... Seite 112

10' Hinter der Schnabelspitze kein auffallender Zacken 11

11–14 Am Mundwinkel keine Spur von vorragenden Borsten. Wenigstens 19 cm lang, oder sehr klein (10 cm) mit auffallend kurzem Schwänzchen 12

12 Sehr klein (10 cm). Schnabel dünn, leicht gebogen:

11. Fam. *Troglodytidae*:

a) Flügel und Schwanz kurz, braun mit feinen Querbinden. Fl 5 cm: **Troglodytes parvulus, Zaunkönig.**

12' Mindestens 19 cm lang 13

13 Schwanz sehr kurz. Lauf vorn meist ohne Quernähte:

12. Fam. *Cinclidae*:

a) Dunkelbraun mit weißer Brust. -20, Fl 9 cm: **Cinclus aquaticus, Waſſerſtar, Waſſeramſel, Bachamſel.**

13' Schwanz nicht besonders kurz. Lauf vorn mit deutlichen Quernähten 14

14 1. Handschwinge halb so groß wie 2.:

9. Fam. *Oriolidae*:

a) Gelb bei ♂ oder grünlich bei ♀, und schwarz. -25, Fl 15 cm: **Oriolus galbula, Pirol, Goldamſel, Pfingſtvogel.**

14' 1. Handschwinge sehr klein:

10. Fam. *Sturnidae*, Stare ... Seite 116

11′ Am Mundwinkel deutlich vorstehende schwarze Borsten (von oben gesehen bei hellem Hintergrund leicht erkennbar, Fig. 82), oder Körper kürzer als 18 cm:
14. Fam. *Sylviidae* . . . (Seite 117) . . **15**

Fig. 81. Würger, Schnabelrand mit scharfem Zacken.

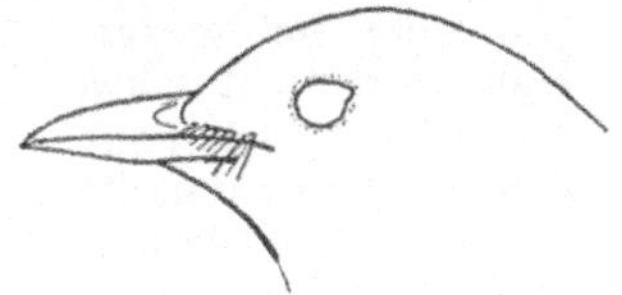

Fig. 82. Drossel, mit Borsten am Mundwinkel.

15 Lauf vorn mit deutlichen Quernähten in gleichen Abständen (Fig. 60, S. 64). Höchstens 21 cm lang. Schwanz oder Brust nie rostrot:
2. Unterfam. *Sylviinae*, Sänger . . . Seite 118

15′ Lauf auch vorn ohne regelmäßige Quernähte (gestiefelt), oder Körper länger als 23 cm **16**

16 Flügelbug (Vorderrand des angelegten Flügels) unten gelb. Höchstens 14 cm lang: zu *Sylviinae* . . Seite 118

16′ Flügelbug unten nicht gelb, oder größer als 21 cm . . **17**

17 Lauf kürzer als 19 mm. Schnabelwurzel breit, mit sehr auffallenden Borsten:
1. Unterfam. *Muscicapinae*, Fliegenschnäpper,
Seite 117

17′ Lauf mindestens 19 mm lang:
3. Unterfam. *Turdinae*, Drosseln . . . Seite 120

1. Fam. **Alaudidae, Lerchen.**

Lerchen sind ausgesprochene Steppen- und Wüstenvögel, finden sich mit Ausnahme der Heidelerche nur auf offenem Gelände und nisten alle nur auf dem Boden in wenig sorgfältig gebautem Nest. Ihre Färbung gleicht dem Boden und ihre Eier sind gefleckt. Lerchen singen fast nur im Flug und oft lange Zeit ohne Unterbrechung. Die Lieder der Heidelerche gehören zu den allerbesten Vogelgesängen.

Sie leben von Sämereien und Kleintieren. Feld- und Heidelerche sind Zugvögel, Haubenlerche überwintert bei uns.

1 Hals vorn schwarz. Mit spitzen schwarzen Federohren.
 −17, Fl 11 cm: **Eremophila alpestris**, Ohrenlerche . . .
 Durchzug, im Norden.
1′ Hals vorn nicht schwarz 2
2 Mit spitzer Federhaube.
 −18, Fl 11 cm: **Galerita cristata**, Haubenlerche.
2′ Ohne spitze Federhaube 3
3 Hinterkralle ganz gerade, fast doppelt so lang als Zehe.
 −18, Fl 11 cm: **Alauda arvensis**, Feldlerche.
3′ Hinterkralle gekrümmt, kürzer.
 −15, Fl 9,5 cm: **Lulula arborea**, Heidelerche, Baumlerche.

2. Fam. **Motacillidae**, Stelzen.

Bachstelzen und Pieper sind wie die Lerchen, denen die Pieper auch in ihrer Färbung ähneln, reine Bodenvögel, die von Insekten leben, nur auf dem Boden nisten und gefleckte Eier legen. Bachstelzen brauchen die Nähe von Wasser. Mit Ausnahme vom Wasserpieper sind alle einheimischen Arten Zugvögel.

1 Brust und Rücken nicht gefleckt. Mittlere Schwanzfedern nicht verkürzt (Fig. 79, S. 107):
 Motacilla 2
2 Schwanz kürzer als Flügel. Unten gelb.
 −17, Fl 8 cm: **M. flava**, Gelbe Bachstelze, Schafstelze.
2′ Schwanz länger als Flügel 3
3 Unten gelb.
 −21, Fl 8 cm: **M. cinerea** (sulphurea, boarula), Gebirgsstelze, Graue Bachstelze.
3′ Unten weiß.
 −20, Fl 8 cm: **M. alba**, Weiße Bachstelze.
1′ Brust und Rücken gefleckt, manchmal sehr schwach, bräunlich. Unten nie gelb. Schwanz kürzer als Flügel, etwas gegabelt:
 Anthus, Pieper 4
4 Bauchseiten gestrichelt 5

5 Hinterkralle gekrümmt, kürzer als Zehe.
   –16, Fl 9 cm: **A. trivialis** (arborea), Baumpieper.
5′ Hinterkralle fast gerade, so lang oder länger als Zehe.
   –15, Fl 8 cm: **A. pratensis,** Wiesenpieper.
4′ Bauchseiten nicht gestrichelt. Hinterkralle gestreckt 6
6 Oben hell, deutlich gefleckt. Schnabel braun mit gelblicher Wurzel.
   –18, Fl 9 cm: **A. campestris,** Brachpieper.
6′ Oben dunkel, oft undeutlich gefleckt. Schnabel schwärzlich.
   –18, Fl 9 cm: **A. spinoletta,** Wasserpieper . . Gebirge.

3. Fam. **Hirundinidae,** Schwalben.

Schwalben gehören zu den besten und ausdauerndsten
Fliegern unter den Vögeln. Sie fangen ihre Insektennahrung im Flug. Ihr kunstvoll aus lehmiger Erde gebautes
Nest wird von der Rauchschwalbe im Innern, von der Mehlschwalbe an der Außenwand von Gebäuden angeklebt, von
der Felsenschwalbe an Felsen. Die Uferschwalbe bohrt fast
armtiefe Nistlöcher in Sand- oder Lehmwände. Die Eier
sind weiß, nur bei der Rauchschwalbe etwas gefleckt. Alle
Schwalben sind Zugvögel.

Schwalben sind nach ihrer Färbung auch im Flug leicht
von einander zu unterscheiden sowie auch von den ihnen
ähnlichen, aber fast ganz schwarzen Turmschwalben oder
Seglern. Die Ähnlichkeit besteht bei ihnen allen in dem
sicheren und rasenden Flug, wobei sie auch ihren gegabelten
Schwanz erkennen lassen. Die Segler zeigen dabei ihre
schmalen sichelförmigen Flügel mit dem eingebogenen
Hinterrand, während alle echten Schwalben dreieckige
Flügel zeigen mit geradem Hinterrand.

1 Oben mattbraun. Äußere Schwanzfedern nicht stark verlängert 2
2 Unten weiß. Graue Brustbinde. Schwanzfedern ohne
   weiße Flecken.
   –13, Fl 10,5 cm: **Riparia riparia** (Clivicola), Uferschwalbe.
2′ Unten graubraun. Schwanzfedern mit weißen Flecken.
   –15, Fl 13 cm: **Riparia rupestris,** Felsenschwalbe . . .
   Alpen, selten.

1′ Oben glänzend blauschwarz. Schwanz stark gegabelt   **3**
3 Kehle rostrot. Brust schwarz. Bauch weiß. Oben ganz
schwarz.
  −18, Fl 12 cm: **Hirundo rustica** (Chelidon), Rauchschwalbe.
3′ Unten ganz weiß. Oben schwarz mit weißem Bürzel.
Lauf und Zehen befiedert.
  −14, Fl 11 cm: **Delichon urbica**, Mehlschwalbe, Hausschwalbe, Stadtschwalbe.

4. Fam. **Laniidae**, Würger.

Die an dem »Zahn« hinter der Spitze ihres kräftigen
Schnabels (Fig. 81, S. 109) und an dem dunklen Strich durch
das Auge leicht kenntlichen Würger nehmen verhältnismäßig
große Tiere, selbst Mäuse und junge Vögel zur Nahrung,
die sie gelegentlich auf Dornen aufspießen (Dorndreher).
Sie nisten auf Bäumen, der Neuntöter gern in Dornbüschen,
und legen 5–7 Eier mit einem Kranz von Flecken. Mit
Ausnahme vom Raubwürger sind sie Zugvögel.

1 Oben grau, ohne Rot **2**
2 Stirn grau.
  −26, Fl 11,5 cm: **Lanius excubitor**, Raubwürger.
2′ Stirn schwarz.
  −22, Fl 11 cm: **L. minor**, Grauer Würger . . . selten.
1′ Oben nicht grau, aber z. T. rot **3**
3 Rücken braunrot, ♀ und Junge gefleckt und unten
gewellt. Der »Zahn« ist bei Jungen undeutlich.
  −18, Fl 9,5 cm: **L. collurio**, Dorndreher, Neuntöter.
3′ Rücken schwarz. Stirn schwarz, Scheitel und Nacken
braunrot, Bürzel und Flügelfleck weiß:
  −19, Fl 10 cm: **L. senator**, Rotköpfiger Würger, selten.

5. Fam. **Corvidae**, Rabenvögel.

Rabenvögel sind Allesfresser, die auch kleineren Wirbeltieren nachstellen und als Nestplünderer bekannt sind. Sie
nisten auf Bäumen oder in Felsen, Dohlen gern in Mauern

oder Türmen. Saatkrähen, Dohlen und Alpendohlen nisten gern gesellig. Elstern überbauen ihr Nest mit Reisig. Sie legen 4–5 Eier, weiß, oder grau oder grünlich mit Flecken. Sie überwintern sämtlich im Lande; als Wintergäste kommen dazu besonders noch Saatkrähen in oft ungeheuren Scharen nach Süddeutschland.

1 Schnabel rot oder gelb, Füße rot. Gefieder schwarz:
   Pyrrhocorax 2
2 Schnabel kürzer als Kopf, gelb.
 –40, Fl 27 cm: **P. graculus**, Alpendohle . . . Alpen.
2′ Schnabel länger als Kopf, rot, gebogen.
 –40, Fl 30 cm: **P. pyrrhocorax**, Alpenkrähe . . . Irrgast aus den Alpen.
1′ Schnabel, meist auch Füße ganz schwarz, beide sehr kräftig 3
3 Gefieder mit Weiß. Flügel nur bis zur Schwanzmitte 4
4 Schwanz so lang als Körper, die mittleren Federn am längsten. Gefieder schwarz mit Metallglanz und weiß.
 –47, Fl 22 cm: **Pica pica** (caudata), Elster, Atzel.
4′ Schwanz viel kürzer als Körper 5
5 Kopf mit Haube. Bürzel weiß. Am Flügel zierlich blau und schwarz gebändert. Füße nicht schwarz.
 –34, Fl 18 cm: **Garrulus glandarius**, Eichelhäher.
5′ Keine Haube. Dunkelbraun mit weißen Perlflecken. Schwanz schwarz mit weißer Endbinde.
 –36, Fl 19 cm: **Nucifraga caryocatactes**, Nußhäher,
   Tannenhäher . . . Gebirge.
 Im Winter kommt **N. c. macrorhynchus** mit dünnerem Schnabel und breiterer weißer Schwanzbinde, der sibirische Tannenhäher öfter zu uns.
3′ Gefieder ohne Weiß, nur schwarz oder grau. Flügel bis Schwanzende 6
6 Mundspalte viel kürzer als Lauf. Schwarz und grau.
 –33, Fl 23 cm: **Colaeus monedula**, Dohle.
6′ Mundspalte mindestens so lang als Lauf:
   Corvus, Raben, Krähen 7
7 Schwarz und grau. 6. Schwinge länger als 2.:
   C. cornix, Nebelkrähe . . . östlich der Elbe.

7' Vollständig schwarz **8**
8 Sehr groß, etwa 60 cm. Schnabel über 6 cm, Fl 44 cm:
      C. corax, Kolkrabe.
8' Etwa 44 cm lang. Schnabel höchstens 5 cm, Fl 30–34 cm **9**

Fig. 83. Rabenkrähe,
Schnabel vorn herabgebogen.

Fig. 84. Saatkrähe, Schnabel vorn
fast gerade, jung mit Schnabelborsten.

9 Oberschnabelrand vorn deutlich abwärts gebogen
(Fig. 83). 6. Schwinge länger als 2.:
      C. corone, Rabenkrähe . . westlich der Elbe,
kreuzt sich vielfach mit der Nebelkrähe.
9' Oberschnabelrand auch vorn fast gerade (Fig. 84).
2. Schwinge länger als 6. . Schnabelwurzel bei Alten nackt,
weißlich, da die Federn durch Wühlen im Boden abge·
stoßen sind: **C. frugilegus,** Saatkrähe.

6. Fam. **Paridae,** Meisen.

Meisen sind klein, mit kurzem Schnabel, leben von
Sämereien und Insekten und überwintern bei uns. Sie
nisten meist in allerlei Löchern und legen 6–10 weiße Eier
mit Punkten oder Flecken. Sie singen und brüten schon
bei Frühlingsanfang, fallen durch ihr munteres, lebhaftes
Wesen mehr als andere Kleinvögel auf und hängen oft mit
dem Rücken nach unten an den Zweigen. Im Herbst und
Winter streichen sie in kleinen Gesellschaften gern umher.
Tannen- und Haubenmeisen sind charakteristisch für Nadel-
wälder, Sumpf- und Weidenmeise für feuchte Laubwälder,
Kohl- und Blaumeise besonders für Gärten und Parke.

Goldhähnchen bilden eine besondere Gruppe mit ähn-
licher Lebensweise. Sie finden sich nur an Nadelbäumen
und hängen ihre kugelförmigen, verhältnismäßig großen
Nester hoch in deren dünne Zweige. Das Sommergoldhähn-
chen bringt den Winter im Süden zu.

1–10 Scheitel nicht leuchtend gelb: Meifen **2**

2 Schwanz länger als Flügel, die mittleren Federn verlängert **3**

3 Schwanz länger als Körper, die mittleren Federn schwarz.
Kopf weiß. Schnabel sehr kurz.
  –15 cm: **Aegithalus caudatus,** Schwanzmeife.

3′ Schwanz so lang wie Körper, die mittleren Federn braun.
♂ mit schwarzem Federbart:
  –16 cm: **Panurus biarmicus,** Bartmeife . . . sehr selten.

2′ Schwanz nicht länger als Flügel **4**

4 Kein schwarzer Kehlfleck. Schwarzer Strich durchs Auge.
  –12 cm: **Remiza pendulina,** Beutelmeife . . . im Osten.

4′ Schwarzer Kehlfleck und weiße Wangen (unter dem
Auge) vorhanden: **Parus** **5**

5 Mit spitzer Federhaube. Grau.
  –13 cm: **P. cristatus,** Haubenmeife.

5′ Keine Federhaube **6**

6 Unten gelb. Rücken grünlich **7**

7 Scheitel schwarz. Flügel und Schwanz schwärzlich.
Unten mit schwarzem Längsstreif.
  –16 cm: **P. major** Kohlmeife, Speckmeife.

7′ Scheitel blau, ebenso Flügel und Schwanz. Bauch nur
hinten mit Schwarz.
  –12 cm: **P. caeruleus,** Blaumeife, Pumpelmeife.

6′ Unten weißlich, ohne Gelb. **8**

8 Oben blau, auch Flügel und Schwanz. Scheitel weiß.
  –13 cm: **P. cyanus,** Lafurmeife . . . Irrgast im Osten.

8′ Oben grau, Scheitel schwarz **9**

9 Hals vorn breit schwarz. Wangen und Nacken weiß.
  –11 cm: **P. ater,** Tannenmeife.

9′ Vorn nur ein kleiner, schwarzer Kehlfleck. –12 cm **10**

10 Scheitel glänzend schwarz:
       P. palustris, Sumpfmeife, Nonnenmeife.

10′ Scheitel matt schwarz:
       P. atricapillus (salicarius), Weidenmeife.

1′ Scheitel leuchtend gelb. Körperlänge höchstens 10 cm:
       Regulus, Goldhähnchen **11**

11 Umgebung des Auges weißlich:
       R. cristatus, Wintergoldhähnchen.

11′ Durchs Auge ein schwarzer, darüber ein weißer Strich:
       R. ignicapillus, Sommergoldhähnchen.

7. Fam. **Certhiidae, Klettermeisen.**

Mauerläufer klettern an Felsen und Mauern, Baumläufer an Baumstämmen, aber nur aufwärts. Sie leben von Insekten, nisten in Höhlen und legen gefleckte Eier. Im Winter bleiben sie hier.

Ähnlich wie die Klettermeisen verhält sich auch die Spechtmeise (**Sitta europaea** s. S. 108), die ebenfalls an Bäumen klettert, aber im Gegensatz zu Spechten und Klettermeisen sowohl aufwärts wie abwärts. Spechtmeisen fressen auch Sämereien. Sie verkleben den Eingang ihrer Nisthöhle mit Erde bis auf ein enges Flugloch.

1 Schnabel kopflang. Oben grau, gefleckt. Schwanzfedern steif und zugespitzt, die mittleren am längsten.
  –13, Fl 6 cm: **Certhia familiaris**, Baumläufer.
   Bei **C. brachydactyla** ist Hinterkralle kurz, kaum länger als die übrige Zehe.

1′ Schnabel viel länger als Kopf. Grau, schwarz und rot. Schwanzfedern weich und abgerundet. Kehle im Sommer schwarz.
  –16, Fl 10 cm: **Tichodroma muraria**, Alpenmauerläufer ... Alpen.

10. Fam. **Sturnidae, Stare.**

Stare sind Insekten- und Kleintierfresser, die aber gern auch an Trauben und Kirschen gehen. Sie nisten in Höhlen und legen 4–7 hellblaue ungefleckte Eier. Vor ihrem Wegzug im Herbst streichen sie in oft sehr großen, wolkenartigen Scharen im Lande herum.

1 Ohne Haube. Schnabel ganz gerade, im Frühjahr und Sommer gelb. Alt glänzend schwarz mit weißen Perlflecken. Jung mit hellem Gefieder.
  –22, Fl 13 cm: **Sturnus vulgaris**, Star, Starmatz.

1′ Schnabel leicht gebogen. Mit Haube. Alt rosa und schwarz.
  –22, Fl 13 cm: **Pastor roseus**, Rosenstar ... Irrgast aus Osten.

14. Fam. Sylviidae.

Die hierher gehörigen Arten sind Kleintierfresser, die z. T. gelegentlich auch an saftige Beeren gehen. Mit Ausnahme der Alpenbraunelle sowie der meisten Amſeln und Droſſeln sind sie Zugvögel, auch die Singdroſſel. Die kleineren Arten nisten möglichst versteckt am oder nahe dem Boden. Nur der Gartenſpötter und die großen Amſeln und Droſſeln nisten höher in den Bäumen. In Höhlen nisten Fliegenſchnäpper, Rotſchwänzchen und Rotkehlchen, auf dem Boden Stein- und Wieſenſchmätzer, ins Schilfrohr oder zwischen Gras- oder Getreidehalme hängen Rohrſänger ihre Nester, in Dornsträuchern hausen gern die Grasmücken, im Laubwerk nahe dem Boden die Laubſänger, Blaukehlchen und Nachtigallen.

Die Eier sind meist gefleckt. Ganz ungefleckt sind sie weiß beim Hausrotſchwanz, braun bei Nachtigall, hellblau bei Fliegenſchnäpper und Steinſchmätzer, blaugrün bei Gartenrotſchwanz und Steindroſſel, grünblau bei Braunellen. Mit wenigen scharfen schwarzen Flecken sind sie blaugrün bei Singdroſſel, rosa bei Gartenſpötter.

Zu den Sylviinen und Turdinen gehören unsere besten Sänger. Durch besondere Schönheit und Wohllaut ihres Gesanges zeichnen sich vor allem aus Gartengrasmücke und Schwarzplättchen, Nachtigall und Sproſſer, Singdroſſel und Amſel, denen unter den übrigen Singvögeln nur noch die Heidelerche gleichkommt. Besonders interessante Gesänge hört man auch noch vom Gartenſpötter und Rohrdroſſel (unter den übrigen Singvögeln vom Baumpieper).

Muscicapinae und Turdinae zeichnen sich durch einen »gestiefelten« Lauf aus, der auch vorn keine Quernähte hat. Bei Muscicapinae ist er auffallend kurz, bei Turdinae verhältnismäßig lang.

1. Unterfamilie Muscicapinae, Fliegenſchnäpper.

1 Flügel ohne Weiß. Oben grau 2
2 Schwanzfedern ganz grau. Brust und Scheitel gefleckt.
  –14, Fl 8,5 cm: **Muscicapa striata (grisola)**, Grauer Fliegenſchnäpper,
2′ Schwanzfedern z. T. mit weißer Wurzelhälfte. ♂ mit rotgelber Brust.
  –12, Fl 7 cm: **M. parva**, Zwergfl. . . . selten.

1′ Flügel mit großem weißem Fleck. ♀ braungrau, ♂ im Sommer schwarz mit weißer Stirn und Bauch . . **3**

3 ♂ ohne weißes Halsband.
 −13, Fl 8 cm: **M. hypoleuca** (atricapilla), Trauerfl.

3′ ♂ im Sommer mit weißem Halsband.
 −13, Fl 8 cm: **M. albicollis**, Halsbandfl. . . . selten.

2. Unterfamilie **Sylviinae**, Sänger.

Schwanz, Hals oder Brust nie schwarz oder rötlich, stets von etwa gleicher Farbe wie Rücken. Flügel höchstens 10 cm lang. Lauf vorn mit einfachen Quernähten (getäfelt) in seiner ganzen Länge.

1–7 Äußere Schwanzfedern kürzer als mittlere. Farbe dürrem Schilfrohr ähnlich: ·

 Rohrsänger **2**

2 Äußere Schwanzfedern über 15 mm kürzer als mittlere, kürzer als untere Deckfedern (Fig. 85):
 Locustella **3**

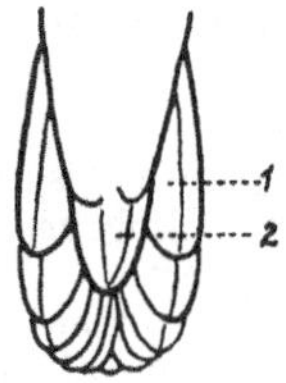

Fig. 85. Heuschreckensänger.
1 Schwanzfedern, die äußere stark verkürzt.
2 Untere Schwanzdeckfedern.

3 Oben gefleckt.
 −14, Fl 6,5 cm: **L. naevia**, Schwirl, Heuschreckensänger.

3′ Oben einfarbig.
 −15, Fl 7,5 cm: **L. fluviatilis**, Flußrohrsänger . . . Osten, selten.

2′ Äußere Schwanzfedern länger als untere Deckfedern:
 Acrocephalus **4**

4 Flügel 9–10 cm. Oben einfarbig.
 −21 cm: **A. arundinaceus**, Rohrdrossel.

4′ Kleiner, Flügel 6–7 cm. Länge −14 cm **5**

5 Oben einfarbig **6**

6 Untere Schwanzdeckfedern rostfarben:
  A. streperus (scirpaceus), Teichrohrsänger.
6' Untere Schwanzdeckfedern weißlich:
  A. palustris, Sumpfrohrsänger.
5' Oben gefleckt 7
7 Scheitel gleichmäßig gestrichelt. Bürzel nicht gefleckt:
  A. schoenobaenus, Schilfrohrsänger.
7' Scheitel mit hellem Mittelstreif. Bürzel gefleckt:
  A. aquaticus (paludicola), Binsenrohr-
  sänger ... sehr selten.

1' Äußere Schwanzfedern nicht verkürzt 8
8–12 Flügelbug (s. Fig. 53 B, S. 61) unten gelb:

Laubsänger 9

9 Schnabelwurzel auffallend breit. Bauch gelb.
  –14, Fl 8 cm: Hypolais icterina, Spötter, Gartenspötter,
  Gelbspötter.
9' Schnabelwurzel nicht sehr breit. Über dem Auge ein
  gelber Streif.
  –12, Fl 7 cm: Phylloscopus 10
10 1. Handschwinge nicht länger als Flügeldecke. Bauch
  weiß: Ph. sibilator, Schwirrvogel, Waldlaub-
  sänger.
10' 1. Handschwinge länger als Flügeldecke (wie Fig. 53, 1,
  S. 61) 11
11 2. Handschwinge nicht so lang wie die 6.. Bauch weißlich,
  außen gelblich: Ph. rufus (collybita), Weidenlaubsänger,
  Zilpzalp.
11' 2. Handschwinge so lang oder länger wie die 6. . 12
12 Bauch ganz gelblich. Füße meist hell:
  Ph. trochilus, Fitislaubsänger.
12' Bauch ganz weißlich. Bürzel viel gelber als Rücken:
  Ph. bonelli, Berglaubsänger . . im Süden.

8' Gefieder ohne Gelb. Oben grau bis braun 13
13 Oberseite braun, gefleckt:

  Accentor (Prunella), Braunellen . 14
14 Kehle grau. Schwanzfedern ohne Weiß.
  –15, Fl 7 cm: A. modularis, Heckenbraunelle.
14' Kehle weiß mit Querflecken. Schwanzfedern mit Weiß
  am Ende.
  –18, Fl 10 cm: A. collaris, Alpenflühvogel . . . Alpen.

13′ Oberseite nicht gefleckt:

       Sylvia, Grasmücken **15**

15 Scheitel über dem Auge schwarz (♂) oder braun (♀).
    –14, Fl 7,5 cm: **S. atricapilla, Schwarzplättchen, Mönchgrasmücke, Mönch:**

15′ Scheitel und Rücken gleichfarbig **16**

16 Kehle und Bauch mit grauen Querbinden (gesperbert).
    –18, Fl 9 cm: **S. nisoria, Sperbergrasmücke** . im Osten.

16′ Kehle und Bauch nicht gesperbert **17**

17 1. Handschwinge länger als Flügeldecke. Oberkopf hell
aschgrau. Äußerste Schwanzfedern mit Weiß.
    –13, Fl 6,5 cm: **S. curruca, Zaungrasmücke, Müllerchen,
Klappergrasmücke.**

17′ 1. Handschwinge kürzer als Flügeldecke **18**

18 Armschwingen mit breiten rostigen Säumen . Äußerste
Schwanzfedern mit Weiß.
    –14, Fl 7 cm: **S. communis** (rufa,   cinerea,   sylvia),
Dorngrasmücke, Braune Grasmücke.

18′ Armschwingen grau ohne breite Säume. Schwanzfedern
ohne Weiß.
    –15, Fl 8 cm: **S. hortensis** (borin), **Gartengrasmücke.**

3. Unterfamilie **Turdinae, Drosseln.**

1–7 Flügel mindestens 11 cm. Länge mindestens 22 cm:

       Drosseln **2**

2 Kopf und Kehle bräunlich. Rücken hinten weiß. Bürzel
blaugrau. Schwanz rostrot, die mittleren Federn dunkelbraun. Unterseite rostrot.
    –23, Fl. 12 cm: **Monticola saxatilis, Steindrossel,
Steinrötel** . . . Süden, sehr selten.

2′ Anders gefärbt: **Turdus** **3**

3–6 Unten auf weißlichem Grund dunkelgefleckt . . . **4**

4 Flügelbug unten weiß: **Krammetsvögel** **5**

5 Bauchmitte weiß, Kopf und Hals oben grau. Rücken
braun. Bürzel grau. Schwanz schwarz.
    –24, Fl 15 cm: **T. pilaris, Wacholderdrossel, Krammetsvogel.**

5′ Auch Bauchmitte gefleckt. Oben einfarbig olivenbraun.
    –26, Fl 15 cm: **T. viscivorus, Misteldrossel, Ziemer.**

4′ Flügelbug (s. Fig. 53 *B*, S. 61) unten farbig 6
6 Flügelbug unten rostgelb.
  –22, Fl 12 cm: T. musicus (philomelos), Singdroſſel, Zippe.
6′ Flügelbug unten und Körperseiten rostrot. Weißlicher Streifen über dem Auge.
  –22, Fl 11,5 cm: T. iliacus (?musicus), Weindroſſel, Rotdroſſel ... Durchzügler.
3′ Bauch dunkel, nicht oder schwach gefleckt. Rücken schwarz oder schwarzbraun 7
7 ♂ Alt ganz schwarz, im Frühjahr mit gelbem Schnabel. ♀ und Junge schwarzbraun, unten heller.
  –25, Fl 13 cm: T. merula, Amſel, Schwarzdroſſel.
7′ Schwärzlich mit weißlichem Brustschild. Federn vielfach weißlich gesäumt.
  –26, Fl 14 cm: T. torquatus, Ringamſel, Schildamſel ... Alpen.

1′ Flügel höchstens 9 cm. Länge höchstens 19 cm:

Kleindroſſeln 8

8 Wurzelhälfte der Schwanzfedern hell, Endhälfte schwärzlich 9
9 Wurzelhälfte der Schwanzfedern rot, ♂ mit blauer Kehle.
  –15, Fl 7 cm: Luscinia suecica, Blaukehlchen.
  a) Blaue Kehle mit weißem Fleck:
      L. s. cyanecula.
  b) Blaue Kehle mit rotem Fleck:
      L. s. suecica ... Durchzügler.
9′ Wurzelhälfte der Schwanzfedern weiß. Brust rostfarben. Bei ♂ ein breiter schwarzer Streif durch das Auge, darüber und darunter ein weißer, bei ♀ undeutlicher 10
10 Bürzel weiß. Rücken einfarbig grau.
  –15, Fl 9 cm: Saxicola oenanthe (Oenanthe), Steinſchmätzer.
10′ Bürzel rostbraun. Rücken gefleckt. Bei ♂ ein langer weißer Flügelfleck.
  –13, Fl 7 cm: Saxicola rubetra, Wieſenſchmätzer, Braunkehlchen.
8′ Schwanzfedern der ganzen Länge nach einfarbig . 11
11 Alle Schwanzfedern einfarbig braun oder dunkelbraun. Brust rostrot oder rostgelb 12

12 Ganzer Kopf mit Kehle sowie Oberseite bei ♂ schwarz, bei ♀ dunkelbraun. Halsseiten und großer Flügelfleck weiß.

–13, Fl 7,5 cm: **Saxicola rubicola** (Pratincola torquata), Schwarzkehlchen.

12′ Stirn und Kehle wie die Brust gelbrot. Oberseite olivenbraun.

–15, Fl 7 cm: **Erithacus rubecula**, Rotkehlchen.

11′ Schwanzfedern rostrot **13**

13 Die zwei mittleren Schwanzfedern grau:

                   Phoenicurus, Rotschwänzchen . . . **14**

14 2. Schwungfeder so lang wie 6. Bei ♂ Stirn weiß, Kehle schwarz. Brust braunrot.

–14, Fl 8 cm: **Ph. phoenicurus**, Gartenrotschwänzchen.

14′ 2. Schwungfeder so lang wie 7. Bei ♂ Kehle und Brust schwarz.

–15, Fl 9 cm: **Ph. titys** (ochruros), Hausrotschwänzchen.

13′ Alle Schwanzfedern rostrot: **Luscinia** **15**

15 1. (verkümmerte) Schwungfeder überragt die oberen Flügeldecken (Fig. 78, S. 107).

–17, Fl 8 cm: **L. luscinia** (megarhynchos), Nachtigall.

15′ 1. Schwungfeder erreicht die oberen Flügeldecken nicht.

–19, Fl 9 cm: **L. philomela** (luscinia), Sprosser, Polnische Nachtigall . . . Nordosten.

15. Fam. **Fringillidae**, Finken.

Die an ihrem wenigstens an der Wurzel dicken, meist kegelförmigen Schnabel und an dem Fehlen einer verkürzten ersten Schwungfeder leicht kenntlichen Finkenvögel sind hauptsächlich Körnerfresser, die aber gelegentlich, besonders zur Brutzeit auch Kleintiere aufnehmen. Sie nisten meist frei auf Bäumen, die Sperlinge gern in allerlei Löchern, die Ammern aber meist am Boden. Die Eier sind gefleckt, bei Ammern mit feineren oder dickeren Linien und Strichen. Nur Girlitz und Buchfink, sowie die meisten Ammern sind Zugvögel, alle übrigen, auch Grau- und Goldammer überwintern bei uns. Manche stellen sich nur als Wintergäste ein.

Bei einer Anzahl von Arten hat das Männchen ein auffallendes gelbes oder grünes Gefieder, während das Weibchen viel düsterer gefärbt ist (Goldammer, Girlitz, Grünfink, Zeisig, Zitronenfink).

1–8 Oberschnabel niedriger (Fig. 86) oder schmäler als Unterschnabel, seitlich mit stark eingebogenen Schnabelrändern:

Ammern 2

2 Hinterkralle fast gerade, so lang wie die Zehe:
Calcarius 3

3 Zwei äußere Schwanzfedern mit weißem Keilfleck. Schnabelspitze schwarz.
–16, Fl 9,5 cm: **C. lapponicus**, Sporenammer . . Winter, Norden.

Fig. 86. Goldammer, mit kleinem Oberschnabel.

Fig. 87. Sperling, Oberschnabel nicht verkleinert.

3′ Drei äußere Schwanzfedern fast ganz weiß. Schnabel gelb.
–18, Fl 11 cm: **C. nivalis**, Schneeammer . . . Winter.

2′ Hinterkralle stark gekrümmt, kürzer wie die Zehe:
Emberiza 4

4 Mit Gelb am Vorderhals. 2 äußere Schwanzfedern mit weißem Keilfleck 5

5 Bürzel rostrot. Kopf, Hals und Unterseite gelb, ♀ mehr grau.
–17, Fl 8 cm: **E. citrinella**, Goldammer, Emmerling.

5′ Bürzel braungrau gestrichelt 6

6 Kopf grau. Hals vorn gelblich. Unten rostrot.
–16, Fl 9 cm: **E. hortulana**, Ortolan, Gartenammer . . . im Osten.

6′ Hals und Unterseite gelb. ♂ mit schwarzer Kehle.
–16, Fl 8 cm: **E. cirlus**, Zaunammer . . . im Südwesten.

4′ Ohne Gelb am Vorderhals 7

7 Bürzel und Kehle rostrot. Oben und unten einfarbig rostbraun. Kopfseiten mit 3 schwarzen Längsstreifen. –18, Fl 8,5 cm: **E. cia,** Zippammer . . . Südwesten.

7' Bürzel grau. Oben und unten gefleckt oder gestrichelt 8

8 Oben und unten graubraun. Schwanzfedern ohne Weiß. –19, Fl 10 cm: **E. calandra** (miliaria), Grauammer.

8' Oben rotbraun, unten weißlich. ♂ mit schwarzem Ober-kopf und Hals. Äußere Schwanzfedern mit Weiß. –13, Fl 8 cm: **E. schoeniclus,** Rohrammer.

1' Oberschnabel nicht niedriger oder schmäler als Unter-schnabel (Fig. 87) **9**

9 Schnabel hakenförmig **10**

10 Schnabelspitzen nicht gekreuzt. ♂ rot, ♀ grün bis gelb. –22, Fl 11 cm: **Pinicola enucleator,** Hakengimpel . . . Winter, selten im Osten.

10' Schnabelspitzen gekreuzt. ♂ rot, ♀ grün:
        Loxia, Kreuzschnäbel:
  a) Mit 2 weißen Flügelbinden.
     –16, Fl 9 cm: **L. leucoptera** (bifasciata), Bindenkreuz-schnabel ... Irrgast.
  b) Fl. ohne Weiß. Schnabel 11 mm breit.
     –17, Fl 9 cm: **L. curvirostra,** Fichtenkreuzschnabel.
  c) Fl. ohne Weiß. Schnabel 13–16 mm breit.
     –20, Fl 9–11 cm:
        L. pityopsittacus, Kiefernkreuzschnabel...
Osten, selten.

9' Schnabel nicht hakenförmig **11**

11 Schnabel mehr oder weniger kugelig (von oben gesehen mit konvexen Seitenrändern, Fig. 88), kaum länger als breit **12**

12 Bürzel weiß. Scheitel und Schwanz schwarz. Rücken grau. ♂ unten rot, ♀ grau. –17, Fl 9 cm: **Pyrrhula pyrrhula,** Gimpel, Dompfaff, Blutfink.

12' Bürzel nicht weiß. Gefieder gefleckt **13**

13 Braungrau. Bei ♂ Scheitel, Hals und Bürzel rot.
Schwanzfedern grau.
−16, Fl 8,5 cm: **Carpodacus erythrinus, Karmingimpel** ..
Ostpreußen.

13′ Grünlich. Bürzel und Brust gelb.
−13, Fl 7,5 cm: **Serinus serinus (canaria), Girlitz,** ist wohl
die gleiche Art wie der Kanarienvogel.

11′ Schnabel kegelförmig, nicht aufgebläht (mit geraden
Seitenrändern, Fig. 89), länger als breit 14

14 Schnabel auffallend groß und dick, so lang wie der Kopf.
Kehle schwarz. Flügelbinde und Schwanzende weiß.
−18, Fl 10 cm: **Coccothraustes vulgaris, Kernbeißer.**

14′ Schnabel kleiner 15

15 Mittlere Schwanzfedern nicht verkürzt. Gefieder sper-
lingsartig: **Passer, Sperlinge** 16

Fig. 88. Gimpel,
Schnabel aufgebläht. Fig. 89. Grünling,
Schnabel kegelförmig Fig. 90. Stieglitz,
Schnabel vorn zugespitzt.

16 Brust mit gelblichem oder weißlichem Fleck.
−16, Fl 9 cm: **P. petronia, Steinsperling** . . . vereinzelt.

16′ Brust ohne hellen Fleck 17

17 Scheitel und Bürzel grau. Kopfseiten ohne schwarzen
Fleck. ♂ mit schwarzem Vorderhals.
−16, Fl 8 cm: **P. domesticus, Spatz, Haussperling.**

17′ Scheitel und Bürzel braun. Kopfseiten weiß mit
schwarzem Fleck. Kehle schwarz, bei ♂ und ♀ gleich.
−14, Fl 7 cm: **P. montanus, Feldsperling.**

15′ Mittlere Schwanzfedern etwas verkürzt:

Finken 18

18–21 Schwanz oder die Flügel mit Gelb oder Grün . 19

19 Schnabel plump (Fig. 89). Nacken und Halsseiten bei ♂
grünlich. Außenrand der Handschwingen und Bürzel gelb.
−16, Fl 9 cm: **Chloris chloris, Grünfink, Grünling.**

19′ Schnabel nicht plump **20**

20 Flügel mit breiter gelber Binde. Gesicht bei Alten rot. Schnabel sehr spitz (Fig. 90) mit etwas konkaven Seiten.
−13, Fl 8 cm: **Carduelis carduelis, Stieglitz, Distelfink.**

20′ Flügel ohne auffallende gelbe Binde. Schwanz mit Gelb oder Grün. Bürzel gelb **21**

21 Schnabel mit auffallend schmaler Spitze. ♂ mit schwarzem Scheitel und Kinn.
−12, Fl 7 cm: **Carduelis spinus, Zeisig** . . . Gebirge.

21′ Schnabelspitze nicht verschmälert. Nacken und Halsseiten grau, sonst gelblichgrau.
−13, Fl 8 cm: **Carduelis citrinella, Zitronenfink** . . Südwesten, Gebirge.

18′ Schwanz und Flügel ohne Gelb oder Grün. Bürzel nicht gelb **22**

22 Vorherrschend weiß in Flügel und Schwanz.
−19, Fl 12 cm: **Montifringilla nivalis, Schneefink** . Alpen.

22′ Weiß in Flügel und Schwanz nicht vorherrschend . . **23**

23 Kehle gefleckt. Schnabel grau. ♂ rot an Scheitel und Brust.
−13, Fl 8 cm: **Carduelis cannabina, Hänfling.**

23′ Kehle einfarbig **24**

24 Kehle schwarz. Scheitel rot. Schnabel vorn zugespitzt.
−13, Fl 7,5 cm: **Carduelis linaria, Birkenzeisig, Leinfink, Meerzeisig** . . . Winter.

24′ Kehle hell **25**

25 Bürzel rosenrot bei ♂, rostgelb bei ♀.
−12, Fl 6 cm: **Carduelis flavirostris, Berghänfling** . . . Winter, selten.

25′ Bürzel grünlich. 2 äußere Schwanzfedern mit Weiß. Flügel mit weißer Querbinde. ♂ unten rot, ♀ grau.
−17, Fl 9 cm: **Fringilla caelebs, Buchfink, Edelfink.**

25″ Bürzel weiß. 1 äußere Schwanzfeder mit Weiß. ♂ mit schwarzem Kopf.
−16, Fl 9 cm: **Fringilla montefringilla, Bergfink, Böhemer** . . . Winter.

Eier unſerer Brutvögel.

Die Bestimmung einzelner Eier ist gewöhnlich bei weitem nicht mit der Sicherheit möglich wie das Bestimmen des erwachsenen Vogels. Sehr häufig ist die Kenntnis des Nestes und dessen Standort (am Boden, in Baumlöchern, offen auf Baumzweigen, im Röhricht usw.) notwendig, um mit einiger Wahrscheinlichkeit die Art feststellen zu können, von der das Ei stammt, und selbst das genügt oft genug nicht recht. Die wenigen zur Bestimmung von Eiern in Frage kommenden Merkmale sind so schwer unterscheidbar, daß es sehr oft unsicher bleibt, welche Deutung man ihnen beizulegen hat. Dazu sind die meisten Merkmale sehr veränderlich, so daß in der Regel der Zusatz »meist« beigefügt werden müßte. Selbst die Unterscheidung in einfarbige und gefleckte Eier ist in manchen Fällen nicht zuverlässig. Als eines der brauchbarsten Merkmale hat immer noch die absolute »Länge« der Eier zu gelten, nämlich die Entfernung des einen Pols des Eies vom andern Pol. Doch·da auch dieses Merkmal stets innerhalb gewisser Grenzen schwankt, sind die angegebenen Größenmaße stets nur als Durchschnittswerte zu betrachten. Wegen dieser Schwierigkeit des Bestimmens wurde hier vielfach darauf verzichtet, die einzelnen Arten zu unterscheiden, sondern nur Gruppenmerkmale angegeben. Aber selbst diese sind oft nicht sehr zuverläßig.

Die Zahl der Eier in einem »G e l e g e« ist stets angegeben; sie ist oft sehr bezeichnend.

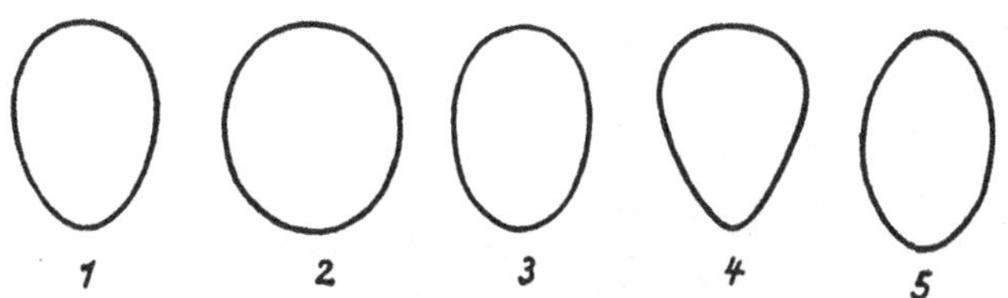

Fig. 91. Hauptformen von Vogeleiern:

1 Eiförmig. Pole ungleich, gleichmäßig gerundet, z. B. Hühner und Singvögel.
2 Kugelförmig. Pole gleich, gleichmäßig gerundet. Ei sehr kurz, z. B. Raubvögel.
3 Walzenförmig. Pole gleich, gleichmäßig gerundet. Ei gestreckt, z. B. Nachtschwalbe und Tauben.
4 Kreiselförmig. Pole sehr ungleich, der eine fast spitz, z. B. Kiebitz.
5 Spindelförmig. Pole gleich, etwas kegelförmig. Ei gestreckt, z. B. Steißfüße. Ei bauchig, z. B. Reiher.

Zum Bestimmen der Eier sind hier 3 getrennte Tabellen gegeben:

1. **Einfarbige, ungefleckte Eier** . . . . Seite 128

2. **Gefleckte Eier von mindestens 27 mm Länge**
. . . . Seite 131

3. **Gefleckte Eier von weniger als 27 mm Länge,**
hierher nur Eier von Singvögeln . . . . . Seite 136

1. Eier einfarbig, ohne Flecken oder Zeichnung.

1–11 Rein weiß, kleiner als 80 mm 2
2–8 Beide Pole wenig voneinander verschieden 3
3–5 Nicht viel länger als breit, annähernd kugelig . . 4
 4 Ohne jeden Glanz, größer als 55 mm. Horst auf hohen Bäumen: **Raubvögel.**
   a) 58 mm. Gelege 3–5 Eier: **Habicht.**
   b) 73 mm. Gelege 1 Ei: **Schlangenadler.**
   c) 73 mm. Gelege 2–3 Eier: **Seeadler.**
 4' Mehr oder weniger glänzend 5
 5 Mit starkem Glanz. Brüten in Höhlen:
   a) 35 mm. Gelege 4–5: In Baumhöhlen: **Blaurake.**
   b) 27 mm. Gelege 6–7: **Bienenfresser.**
   c) 23 mm. Gelege 6–8: In Uferhöhlen: **Eisvogel.**
 5' Schwach glänzend. Brüten meist in Baumhöhlen. Gelege meist 4–7: **Eulen.**
   a) 60 mm. Gelege 2–3. Brüten gern in Felshöhlen, öfter auch frei auf Bäumen: **Uhu.**
   b) 48 mm. Gelege 2–5: **Waldkauz.**
   c) 40 mm: **Waldohreule.**
   d) 40 mm. Brütet am Boden: **Sumpfohreule.**
   e) 35 mm. Brütet oft in Gebäuden: **Steinkauz.**
   f) 29 mm: **Sperlingskauz.**
3' Gestreckt, deutlich länger als breit 6
6 Bauchig, beide Pole etwas kegelförmig: Schreitvögel 7
7 Nest auf hohen Bäumen oder auf Dächern. Gelege 4–5:
   a) 73 mm: **Weißer Storch.**
   b) 65 mm: **Schwarzer Storch.**

7′ 35 mm. Gelege 4–8. Nest im Rohr: Zwergrohrdommel.

6′ Beide Pole gleichmäßig abgerundet 8

8 Ohne jeden Glanz. Brüten auf dem Boden:

   a) 50 mm. Gelege 3–6. Brütet im Rohr: Rohrweihe.

   b) 42–46 mm. Gelege 4–5. Brüten auf trockenem Boden: Kornweihe und Wiesenweihe.

   c) 39 mm. Gelege 4–8. Nest meist in Gebäuden: Schleiereule.

8′ Eier glänzend. Gelege stets nur 2 Eier. Brüten auf Bäumen in lockeren Nestern: Tauben.

   a) 41 mm: Ringeltaube.

   b) 39 mm. Brütet in Baumhöhlen: Hohltaube.

   c) 30 mm: Turteltaube.

2′ Ein Pol auffallend spitzer als der andere (ähnlich dem Hühnerei). 9

9 Schlank, gestreckt, birnförmig. 10

10 Eier glänzend. Brüten in selbstgemeißelten Baumhöhlen: Spechte.

   a) 35 mm. Gelege 3–6: Schwarzspecht.

   b) 23–26 mm. Gelege 4–6: Buntspechte.

   c) 27–31 mm. Gelege 5–8: Grünspechte.

10′ Ohne jeden Glanz. Brüten in dunklen Mauer- und Felslöchern: Gelege 2–3.

   a) 25 mm: Mauersegler.

   b) 31 mm: Alpensegler.

9′ Eier bauchig, ziemlich kurz: Singvögel 11

11 Etwas größer, 25 mm. Gelege 4–6. Moosnest an Bachufern: Wasserstar.

11′ Etwas kleiner, 17–20 mm:

   a) Eier etwas glänzend, in Baumhöhlen. Gelege 7–12: Wendehals.

   b) Brüten in Mauer- und Felsenlöchern. Gelege 5–6: Hausrotschwänzchen 19

   c) Brüten in tiefen Erdlöchern. Gelege 5–6: Uferschwalbe 17

   d) Lehmnest an der Außenwand von Gebäuden. Gelege 4–5: Hausschwalbe 19

1′ Eier nicht rein weiß, entweder farbig oder etwas getönt, oder schmutzig weißlich bis grau. 12

12 Größer als 80 mm. Nest am Wasser **13**
13 110 mm. Gelege 5–6. Schmutzigweiß: Höckerschwan.
13′ 85 mm. Gelege 4–7. Weißlich: Graugans.
12′ Kleiner als 70 mm **14**
14 Oberfläche unrein, schmutzigweißlich bis grau. Eier
   auffallend lang und schlank, ohne Glanz **15**
15 Die beiden Pole wenig verschieden, etwas kegelförmig.
   Nester schwimmen auf dem Wasser: Steißfüße:
   a) 55 mm. Gelege 3–6: Haubentaucher.
   b) 38 mm. Gelege 3–6: Zwergsteißfuß.
15′ Die beiden Pole verschieden dick, gleichmäßig abgerundet. 63 mm. Gelege 3–6. Nest auf hohen Bäumen:
   Kormoran.
14′ Oberfläche sauber und gleichmäßig einfarbig getönt oder
   gefärbt **16**
16–18 Größer als 32 mm **17**
17 Beide Pole fast gleich, etwas kegelförmig. Eier bauchig,
   ohne jeden Glanz: Reiher:
   a) 60 mm. Hellblau. Gelege 3–6. Nest auf Bäumen:
      Fischreiher.
   b) 53 mm. Braun. Gelege 4–6. Nest im Rohr: Rohr-
      dommel.
   c) 50 mm. Blaßgrün. Gelege 4–5. Nest im Rohr oder
      auf Bäumen: Nachtreiher.
   d) 35 mm. Grünlichweiß. Gelege 4–8. Nest im Rohr:
      Zwergrohrdommel.
17′ Beide Pole mehr oder weniger verschieden dick, gleichmäßig abgerundet. Eier etwas glänzend **18**
18 Bauchig. Pole sehr ungleich. Brüten auf trockenem Boden:
   a) 45 mm. Hellbraun. Gelege 8–12: Jagdfasan.
   b) 35 mm. Lehmfarben. Der eine Pol sehr spitz. Ge-
      lege 10–20: Rebhuhn.
18′ Gestreckt und verhältnismäßig schlank. Schale oft
   schlüpfrig glatt. Grau, braun bis rahmfarben getönt. Die
   beiden Pole nicht sehr verschieden. Nest am Wasser, mit
   den eignen Flaumfedern ausgefüttert, meist am Boden.
   41–78 mm. Gelege 6–14: Enten und Säger.
   a) 61 mm. Grünlichgrau: Tafelente.
   b) 56 mm: Stockente.
   c) 53 mm: Löffelente.
   d) 45 mm. Gelblich: Krickente.
   e) 45 mm. Bräunlich: Knäckente.

16′ Kleiner als 32 mm **19**
19 Blaßblau, glänzend. 30 mm. Gelege 4–7. Brütet in Löchern: Star.
19′ Höchstens 26 mm **20**
20 Beide Pole gleich, regelmäßig abgerundet. Langgestreckt, walzenförmig. Grau, ohne Glanz. 26 mm. Gelege 6–8. Brütet in Baumhöhlen: Wiedehopf.
20′ Beide Pole sehr ungleich. Kurz und bauchig: Singvögel **21**
21 Braun, glänzend. 21 mm. Gelege 4–6. Brüten in niederem Gebüsch, nahe dem Boden: Nachtigall und Sprosser.
21′ Eier bläulich **22**
22 Hellblau **23**
   a) 21 mm. Gelege 5–7. Brütet versteckt am Boden: Steinschmätzer.
   b) 18 mm. Gelege 5–7. Brüten in Baumhöhlen: Trauerfliegenschnäpper und Halsbandfliegenschnäpper.
22′ Lebhaft blaugrün **23**
23 Überall verbreitet.
   a) 20 mm. Gelege 4–5. Brütet in niederen Büschen: Braunelle.
   b) 19 mm. Gelege 5–6. Brütet auf Wiesen: Braunkehlchen.
   c) 18 mm. Gelege 6–8. Brütet in dunklen Verstecken: Gartenrotschwanz.
23′ Nicht überall. Brüten am Boden.
   a) 26 mm. Gelege 4–5: Steinrötel … Süden, sehr selten.
   b) 23 mm. Gelege 4–5: Alpenflühvogel … Alpen.

2. Gefleckte Eier von mindestens 27 mm.

1 Eier kleiner als 27 mm: Singvögel und Kuckuck. Seite 136
1′ Mindestens 27 mm lang **2**
2–5 Mindestens 75 mm lang. Langgestreckt, viel länger als breit. Brüten am Boden **3**
3 Kreideartig rauh, ohne jeden Glanz. Weiß oder gefärbt, mit schwarzbraunen und helleren Flecken. Beide Pole verschieden dick. Nur 1 Ei auf nacktem Felsboden am Meere: Alken **4**

4 Ein Pol viel schmäler als der andere. Birnförmig. 81 mm: Dumme Lumme.

4' Ein Pol nicht sehr viel schmäler als der andere. 75 mm: Tordalk.

3' Glatt und glänzend, meist nur mit blassen Flecken **5**

5 Beide Pole fast gleich. Olivengrau mit meist kleineren Flecken, ohne Nadelstiche. 79 mm. Gelege 2, auf trockenem Boden: Große Trappe.

5' Pole deutlich verschieden. Licht braungrau, mit deutlichen Nadelstichen. 96 mm. Gelege 2, im Sumpfwald: Kranich.

2' Kleiner als 40 mm, oder größer und sehr kurz . . **6**

6—18 Vorherrschend weiß bis grau, oder blau bis grün. Grundfarbe nicht gelblich oder bräunlich getönt. . **7**

7 Die beiden Pole wenig voneinander verschieden, gleichmäßig gerundet **8**

8 Eier kurz, annähernd kugelförmig, größer als 38 mm. Grundfarbe weiß, ohne Glanz: Raubvögel:

 a) 77 mm. Gelege 2—3: Steinadler . . . Horst in Felsnischen.

 b) 63 mm. Gelege 1—3. Horst auf hohen Bäumen (wie die folgenden): Schreiadler und Fischadler.

 c) 55 mm. Gelege 2—4. Mit großen braunen Flecken: Bussard.

 d) 53—56 mm. Gelege 2—4. Mit wenigen kleinen Flecken: Milane.

 e) 40 mm. Gelege 4—7. Sehr verschieden gefleckt: Sperber.

8' Langgestreckt, walzenförmig, mit kleineren und größeren hellbraunen und grauen Flecken (manchmal marmoriert) auf weißlichem Grund. Stark glänzend. Brüten auf bloßem Boden. 32 mm. Gelege 2: Nachtschwalbe.

7' Ein Pol deutlich schmäler als der andere. Höchstens 50 mm lang **9**

9 Mehr als 40 mm lang. Flecken sehr dicht und sehr unregelmäßig, hell und dunkel. Gelege 3—6: Corvus, Raben:

 a) 49 mm. Horst auf Bäumen oder in Felsen: Kolkrabe.

 b) 42 mm. Auf weißem Grund sehr schmutzig gefleckt, z. T. schwarzbraun. Nisten gesellig auf Bäumen: Saatkrähe.

c) 42 mm. Grünlich oder grau, Flecken blasser, nicht oder sehr wenig schwärzlich. Nisten einzeln auf Bäumen: Raben- und Nebelkrähe.

9' Kleiner als 40 mm 10

10 Mit sehr spärlichen kleinen, meist runden schwarzen Flecken auf rein weißem oder blauem Grund . . 11

11 Grundfarbe schön blau. 27 mm. Gelege 5–6. Nest mit glatten, aus Holzmull bestehenden Innenwänden auf Bäumen: Singdrossel.

11' Grundfarbe rein porzellanweiß. 30 mm. Gelege 4–5. Nest beutelförmig in einer Zweiggabel: Pirol.

10' Flecken nicht sehr spärlich. Grund nicht schön blau oder porzellanartig weiß 12

12–17 Grund deutlich, weißlich, oft etwas getönt. Flecken zerstreut 13

13 Eier deutlich gestreckt. Mindestens 35 mm. Flecken braun, spärlich, punktförmig, daneben schattenartige, ganz schwache Flecken. Gelege 6–12. Nest auf dem Boden 14

14 Flecken ziemlich spärlich. Beide Pole nicht auffallend verschieden. 35 mm. Nest im Sumpf: Wasserralle.

14' Flecken etwas zahlreicher. Beide Pole stärker verschieden. 37 mm. Nest auf Wiesen und dgl.: Wachtelkönig.

13' Eier bauchig, nicht gestreckt. Flecken scharf. . . 15

15 Flecken z. T. fast schwarz, stehen ziemlich locker. Grundfarbe weiß. Gelege 4–7. Nisten gesellig in Höhlen:

a) 33 mm. Flecken sehr klein. Nisten in Mauernischen oder Baumhöhlen: Dohle.

b) 39 mm. Flecken größer. Nisten in Felsspalten: Alpendohle . . . Alpen.

15' Flecken heller, nicht schwärzlich. Nisten auf Bäumen 16

16 Flecken spärlich, braunrot und blaß, größer und kleiner. 30 mm. Gelege 4–5: Misteldrossel.

16' Flecken ziemlich dicht, klein 17

17 Flecken punktförmig, blaßgrau. 34 mm. Gelege 3–4. Nest auf Nadelbäumen: Tannenhäher . . . Gebirge.

17' Flecken klein, braun und grau. 33 mm. Gelege 6–8. Nest von Reisig überdacht: Elster.

12' Eier grau, weil gleichmäßig dicht und klein gefleckt, erscheinen manchmal einfarbig 18

18 32 mm. Gelege 5–7. Nest auf Bäumen: Eichelhäher.

18' 28–29 mm. Gelege 4–6. Nest mit Innenwänden aus Lehm, meist auf Bäumen: Amsel und Wacholderdroffel.

6' Vorherrschend braun (auch braungelb oder olivenbraun), oder Grundfarbe gelblich oder bräunlich getönt. . **19**

19 Gleichmäßig trüb rotbraun (zimmtfarbig) ohne hellere Grundfarbe mit manchmal undeutlichen schwärzlichen Flecken, ohne jeden Glanz. Eier sehr kurz. Gelege 3–4:

    a) 51 mm. Horst auf Bäumen oder in Felsnischen: Wanderfalt.

    b) 42 mm. Horst auf Bäumen: Baumfalt (ähnlich öfter Turmfalt).

19' Hellere (nicht zimmtfarbige) Grundfarbe tritt gegenüber dunkleren Stellen oder Flecken stets hervor . **20**

20 Größtenteils dunkelbraun, daneben hellere bis fast weiße bräunliche Farben, wie gestrichen. Meist keine einzelnen Flecken. 51 mm. Gelege 2. Horst auf Laubbäumen, meist Wespenwaben darin: Wespenbuffarb.

20' Scharf abgegrenzte kleinere und größere dunkle Flecken auf hellerer Grundfarbe stets erkennbar **21**

21–25 Neben dunklen Flecken auf hellerer Grundfarbe keine scharf abgegrenzten »Schattenflecken« (sehen aus wie Fettflecken auf hellem Papier) **22**

22 Helle Grundfarbe nicht vorherrschend. Schwarzbraune Flecken sehr umfangreich und unregelmäßig zusammenfließend, dazwischen helle Grundfarbe sichtbar (gescheckt) **23**

23 Grundfarbe hell rotbraun. Beide Pole wenig verschieden, gleichmäßig abgerundet, annähernd kugelförmig. 39 mm. Gelege 4–6. Nistet in Baum- oder Mauerlöchern: Turmfalt.

23' Grundfarbe sehr hell lichtbraun bis gelblich. Eier sehr kurz, spitzer Pol deutlich. 44 mm. Gelege 6–10. Nest auf dem Boden: Schneehühner.

22' Helle Grundfarbe weitaus vorherrschend. Schwarzbraune Flecken, meist klein, stehen meist weit entfernt voneinander. Pole breit abgerundet, aber deutlich verschieden. Nest am Boden **24**

24 Grundfarbe deutlich gelblich, etwas glänzend. Nest auf trockenem Boden: Hühnervögel **25**

25 Mit einigen großen schwarzbraunen Flecken. 30 mm. Gelege 7–14: Wachtel.

25′ Nur kleinere schwarzbraune Flecken oder Punkte: Waldhühner:

   a) 58 mm. Gelege 6–10. Mit zahlreichen kleinen braunen Punkten: Auerhuhn.

   b) 50 mm. Gelege 6–10. Eier mit runden Flecken und Punkten: Birkhuhn.

   c) 39 mm. Gelege 8–12. Eier mit einigen größeren Flecken und zahlreichen Punkten: Haselhuhn.

24′ Grundfarbe sehr lichtbräunlich bis gelblich, aber ohne Glanz. Nur kleinere schwarzbraune Flecken neben zahlreichen Punkten. Beide Pole etwas verschieden. Gelege 7–9. Nest im Rohr: Wasserhühner:

   a) 53 mm: Bläßhuhn.

   b) 41 mm: Teichhuhn.

21 Neben dunklen, meist locker stehenden Flecken auf der helleren Grundfarbe noch »Schattenflecken« (wie Fettflecken aussehend) vorhanden. Nest stets am Boden **26**

26 Flecken rotbraun und grau. Ein Pol ziemlich spitz:

   a) 44 mm. Gelege 4. Nest im Wald: Waldschnepfe.

   b) 40 mm. Gelege 4. Nest auf feuchtem Boden: Bekassine.

26′ Flecken wenigstens z. T. schwarzbraun **27**

27 Beide Pole wenig verschieden, breit abgerundet. Annähernd kugelförmig:

   a) 56 mm. Gelege 3. Nahe der Seeküste: Austernfischer.

   b) 54 mm. Gelege 2. Im Binnenland auf Ödland: Triel.

27′ Ein Pol viel schmäler als der andere **28**

28 Ein Pol auffallend spitz. Schale kreiselförmig . . **29**

29 Grundfarbe olivenbraun. Viele hellbraune Flecken. 67 mm. Gelege 4. Nest auf feuchtem Boden: Brachvogel.

29′ Grundfarbe hell lichtbraun. 30–47 mm. Gelege 4. Nisten meist auf feuchtem Boden: Die meisten Regenpfeifer- und Schnepfenvögel (Kiebitz, Strandläufer, Wasserläufer usw.).

28′ Spitzer Pol breiter abgerundet, nicht auffallend spitz **30**

30 Grundfarbe sehr hell lichtbraun. Gelege 2–3. Seeschwalben:

   a) 41 mm. Nisten meist auf Kiesbänken: Flußseeschwalbe.

30′ Grundfarbe sehr dunkel olivenbraun. Gelege meist 3: Möven:

   a) 53 mm. Nisten in größeren Gesellschaften im Rohr: Lachmöve.

3. Gefleckte Eier unter 27 mm.

Hierher gehören nur kleinere Singvögel. Ihr Gelege besteht meist aus 4–6 Eiern. Eier meist bauchig, Pole verschieden dick.

Ist ein Ei in einem Gelege von kleineren Singvögeln merklich größer (ca. 22 mm) und auch sonst etwas abweichend von den anderen, so stammt es vom Kuckuck.

1–12 Eier mit schwarzen oder schwarzbraunen Zeichen oder Flecken. Hierher besonders fast alle Fringillidae. . **2**
2 mit feineren oder gröberen geknickten oder gebogenen Linien und Strichen (Schnörkel). **3**
3 Nest auf Laubbäumen. Eier mit schwärzlichen Flecken neben einigen Linien. 25 mm: Kirschkernbeißer.
3′ Nest auf dem Boden: Ammern. **4**
4 Mit vielen feinen Linien (Haarlinien) und wenigen schwärzlichen Flecken:
　　a) Haarlinien am stumpfen Pol gehäuft. 22 mm: Zippammer.
　　b) Haarlinien nicht gehäuft. 21 mm: Goldammer.
4′ Linien meist kurz und dick, mit vielen Flecken:
　　a) 24 mm: Grauammer.
　　b) 19 mm. Nest nahe am Wasser: Rohrammer.

2′ Ohne geknickte oder gebogene Linien und Striche, aber mit schwarzen oder schwarzbraunen Flecken . . . **5**
5 Schwärzliche Flecken wenigstens z. T. von einem unscharfen blassen Hof (»Brandflecke«) umgeben . . **6**
6 Eier von hellem Aussehen. Wenige solche Brandflecke auf weißlicher Schale. 19 mm. Nest auf Bäumen: Buchfink.
6′ Eier von dunklem Aussehen. **7**
7 Mit vielen Brandflecken. Nest am Boden. 20 mm: Baumpieper.
7′ Wenige Brandflecke neben unscharfen blaßroten Flecken. Nest im Gebüsch. 19 mm: Schwarzplättchen.
5′ Mit scharfen schwärzlichen Flecken ohne Hof auf hellem Grund. **8**
8 Grundfarbe rosenrot, mit wenigen kleinen schwarzen Flecken. 18 mm. Nest auf Bäumen: Spötter.

8′ Grundfarbe nicht rosenrot. 9
9 Schwärzliche Flecken gleichmäßig auf der ganzen Schale 10
10 Eier klein, weiß mit kleinen scharfen Flecken. Nest nahe
dem Boden. 15 mm. Gelege 5–7:
   a) Fleckchen sehr zahlreich: Waldlaubfänger.
   b) Fleckchen sehr spärlich: Weidenlaubfänger.
10′ Eier größer, meist auch mit gröberen Flecken . . 11
11 Flecken ziemlich dichtstehend. 21 mm. Nest an Gebäuden: Haussperling.
11′ Flecken lockerstehend. Nest zwischen Stengeln aufge-
hängt, die die Nestwand durchbohren:
   a) 23 mm. Nest im Rohr: Drosselrohrsänger.
   b) 19 mm. Nest in Weiden oder im Getreide: Sumpfrohrsänger.
 9′ Flecken am stumpfen Pol gehäuft. Nest in Büschen
und Bäumen. 12
12 Schale blaßblau, Flecken fast nur am stumpfen Pol.
19 mm: Gimpel.
12′ Schale weiß. Flecken fast nur am stumpfen Pol. 22 mm.
Gelege 3–4: Kreuzschnabel.
12″ Schale weiß bis grünlichweiß. 20 mm: Grünling. —
18 mm: Stieglitz und Hänfling. — 16 mm: Zeisig.
 1′ Eier ohne schwärzliche Zeichen oder Flecken, aber mit
mehr oder weniger hellen, grauen, bräunlichen oder
rötlichen Flecken 13
13–17 Die ganze Schale erscheint fleckig grau bis bräunlich, manchmal fast einfarbig. Helle Grundfarbe gar
nicht oder nur wenig sichtbar 14
14 Nester am Boden 15
15 Schale mehr oder weniger dicht mit rundlichen, nicht sehr
kleinen grauen oder braunen Flecken bedeckt: Lerchen:
   a) 23–24 mm: Feldlerche und Haubenlerche.
   b) 21 mm: Heidelerche.
15′ Schale kleinfleckig, oft fast einfarbig grau mit feinsten
dunklen Pünktchen und Strichelchen.
   a) 21 mm: Weiße Bachstelze und Brachpieper.
   b) 19 mm: Wiesenpieper.
14′ Nest nicht am Boden 16
16 Eier mit größeren unscharfen rötlichen Flecken. Nest
in dichtem Gebüsch: 20 mm: Gartengrasmücke.
16′ Flecken grau oder braun 17

17 Nest in Baumlöchern, oft an Straßen. 20 mm: Feldsperling.
17′ Nest meist nahe dem Wasser (s. 11′). 18 mm: Rohrsänger.

   a) Nest meist zwischen Rohrstengeln: Teichrohrsänger.
   b) Nest zwischen Zweigen oder Grashalmen: Schilfrohrsänger.

13′ Die weißliche Grundfarbe der Schale überwiegend 18
18 Schale fast einfarbig weißlich mit wenig deutlicher Fleckung 19
19 Nest am Boden. 19 mm: Gebirgsstelze und Schafstelze.
19′ Nest nicht am Boden: Meisen, Nest kugel- oder beutelförmig:

   a) Nest zwischen Baumzweigen, mit seitlichem Eingang. 14 mm. Gelege 7–10: Schwanzmeise.
   b) Nest zwischen Zweigen von Nadelbäumen, mit oberem Eingang. 14 mm. Gelege 8–10: Goldhähnchen.
   c) Nest beutelförmig an Weidenzweigen. Eier gestreckt, schlank. 16 mm. Gelege 5–8: Beutelmeise.

18′ Flecken mehr oder weniger deutlich, rötlich . . . 20
20 Flecken ziemlich gleichmäßig verteilt, scharf und klein: Gelege 6–10. Nest in Baum- oder Erdlöchern: Meisen. 17 mm: Kohlmeise. — 16 mm: Sumpfmeise. — 15 mm: Blaumeise.
20′ Flecken stellenweise gehäuft 21
21 Flecken gürtelförmig gehäuft 22
22 Größer. Gelege 4–7: Würger. Nest in Büschen und auf Bäumen: 26 mm: Raubwürger. — 23 mm: Rotkopfwürger. — 22 mm: Neuntöter.
22′ Kleiner:

   a) 20 mm. Gelege 4–5. Lehmnest im Innern von Gebäuden: Rauchschwalbe.
   b) 20 mm. Gelege 6–8. Nest in Baumhöhlen: Kleiber.
   c) 16 mm. Ebenso. Baumläufer,

21′ Flecken am stumpfen Pol gehäuft 22
22 Flecken winzig. 17 mm. Gelege 6. Moosnest am Boden: Zaunkönig.
22′ Flecken größer, sehr blaß. 19 mm. Nest in Höhlen am Boden: Rotkehlchen.
22″ Flecken ziemlich blaß. 19 mm. Nest in Baumhöhlen oder Mauerlöchern: Grauer Fliegenschnäpper.

6. Klasse **MAMMALIA**, Säugetiere.

1. Unterklasse: **Monotremata, Kloakentiere,** nur australisch.
2. Unterklasse: **Marsupialia, Beuteltiere,** in Australien und Amerika.
3. Unterklasse: **Placentalia** (Eutheria), Plazentalsäugetiere.
   1. Ordnung: **Insectivora,** Insektenfresser.
   2. Ordnung: **Chiroptera,** Flattertiere.
   3. Ordnung: **Cetacea,** Waltiere ... nur im Meere.
   4. Ordnung: **Carnivora,** Raubtiere.
      1. Unterordn.: **Fissipedia,** Landraubtiere.
      2. Unterordn.: **Pinnipedia,** Robben ... nur im Meere.
   5. Ordnung: **Edentata,** Zahnarme ... nur in den Tropen.
   6. Ordnung: **Rodentia,** Nagetiere.
   7. Ordnung: **Ungulata,** Huftiere.
      1. Unterordn.: **Hyracoidea,** Klippschliefer ... Afrika und Syrien.
      2. Unterordn.: **Proboscidea,** Elefanten ... Afrika und Indien.
      3. Unterordn.: **Sirenia,** Seekühe ... Meer und Flüsse.
      4. Unterordn.: **Perissodactyla,** Unpaarhufer.
      5. Unterordn.: **Artiodactyla,** Paarhufer.
   8. Ordnung: **Primates,** Herrentiere.
      1. Unterordn.: **Prosimiae,** Halbaffen oder Lemuren ... Madagaskar, Afrika, Indien.
      2. Unterordn.: **Simiae,** Affen.

Die altertümlichsten Säugetiere, die eierlegenden MONOTREMATA, sind ganz auf die australische Region beschränkt. Auch die MARSUPIALIA, die Beuteltiere, die ihre unvollkommenen winzigen Jungen in einem Beutel tragen, finden sich außer einigen amerikanischen Formen nur in Australien. Von den übrigen Säugetieren, den PLACENTALIA, deren Junge in einem viel höher entwickelten Zustand zur Welt kommen, fehlt nur eine der gewöhnlich angenommenen größeren Ordnungen in Deutschland ganz, die EDENTATA, die nur in den Tropenländern vorkommen. Alle übrigen großen Säugetierordungen sind bei uns vertreten.

Zweifellose Reste von Säugetieren kennt man erst seit der Jurazeit, zweifellose Insectivora, die altertümlichsten

Placentalia, erst seit der Kreidezeit. Aber erst seit dem Beginn der Tertiärzeit, nach dem Verschwinden der Riesensaurier, spielen Säugetiere die hervorragende Rolle auf der ganzen Erde, die wir heute noch beobachten.

Die größeren einheimischen Säugetiere sind, soweit sie nicht als Jagdtiere geschätzt und gehegt werden, in Deutschland bereits völlig ausgerottet wie Bär, Wolf, Luchs und sogar der Nörz, ferner Auerochs, Wisent und Steinbock, oder sie sind nahezu ausgerottet und nur noch in wenigen Exemplaren als „Naturdenkmäler“ vorhanden, wie Wildkatze, Biber und Elentier. Der Jagd wegen sind seit langer Zeit Damhirsch und Kaninchen, in neuester Zeit der Mufflon, (das Wildschaf von Korsika und Sardinien) bei uns eingebürgert, an die sich die aus Nordamerika stammende Bisamratte anschließt. Auch den Steinbock versucht man wieder einzubürgern.

Während des Winters hält eine kleine Zahl unserer Säugetiere einen mehr oder weniger tiefen und langen Winterschlaf, nämlich der Igel, alle Fledermäuse und von Nagetieren Murmeltier, Ziesel, sowie die Schläfer und der Hamster. Wenig tief ist der Winterschlaf bei Dachs und Bär.

Die Placentalsäugetiere besaßen ursprünglich in ausgewachsenem Zustand ein Gebiß von 44 Zähnen, nämlich im oberen Kiefer wie im Unterkiefer jederseits 3 Schneidezähne, 1 Eckzahn und 7 Backzähne (Zahnformel: $\frac{3 \cdot 1 \cdot 7}{3 \cdot 1 \cdot 7}$). Die oberen Zähne stecken in zwei durch eine Naht voneinander getrennten Knochen, dem vorderen »Zwischenkiefer« und dem hinteren »Oberkiefer«. Die im Zwischenkiefer steckenden Zähne heißen »Schneidezähne«, der erste gleich hinter der Naht im Oberkiefer steckende Zahn heißt »Eckzahn« (Fig. 92 E), die folgenden heißen »Backzähne«. Im Unterkiefer ist derjenige der Eckzahn,

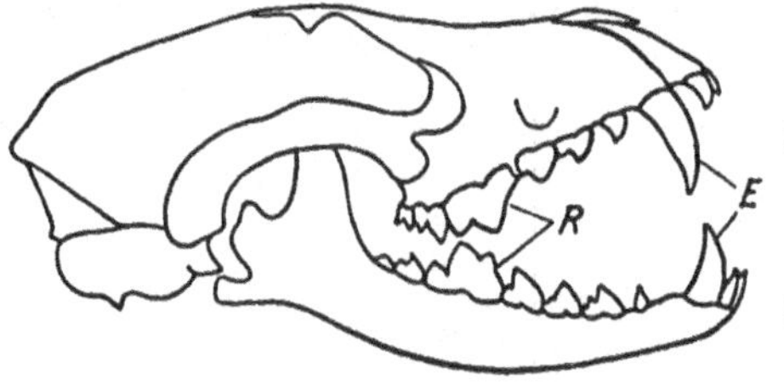

Fig. 92.
Wolf, Schädel
E Eckzähne; vor dem oberen Eckzahn ist die Naht zwischen Zwischenkiefer- u. Oberkieferknochen sichtbar.
R Reißzähne.

der **vor** dem oberen Eckzahn in die Zahnreihe greift. Die ursprünglichen 3 letzten Backzähne kommen nur einmal, allen übrigen geht ein **Milchzahn** voraus, an dessen Stelle sie beim Zahnwechsel treten. Die Zahl der Zähne hat sich bei den Säugetieren im Lauf der Erdgeschichte meist allmählich vermindert, höchst selten, wie bei den Delphinen, vermehrt. Sie ist bei den einzelnen Gruppen sehr konstant und äußerst wichtig beim Bestimmen der Arten. Der Abbau der Backzahnreihe erfolgte vom vordersten Backzahn aus, nur bei den Raubtieren auch vom hintersten Backzahn aus, niemals von der Mitte der Reihe aus. Solche abgebauten Zähne waren allmählich immer kleiner geworden und zuletzt ganz verschwunden. Mit Ausnahme der Raubtiere findet daher bei unseren Säugetieren an den letzten 3 Backzähnen kein Zahnwechsel statt, es sind »**Molaren**«, die vorderen Backzähne mit Zahnwechsel »**Prämolaren**«. Zähne

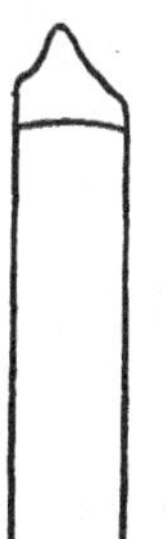

Fig. 93. Säulenzahn, Backzahn des Hasen, dauernd wachsend, unten weit offen.

Fig. 94. Wurzelzahn, Wachstum beendet, Wurzeln geschlossen.

stecken bei Säugetieren stets in Wurzellöchern (**Alveolen**), und Backzähne sind bei ihnen nach vollendetem Wachstum stets mehrwurzelig, nur verkümmerte oder rückgebildete bleiben einwurzelig wie alle vorderen Zähne.

So lange Zähne noch im Wachsen begriffen sind, zeigen sie eine weite, unten offene **Pulpahöhle** (Fig. 93). Erst mit völlig beendetem Wachstum erhalten sie eine unten geschlossene Wurzel. Aber häufig wachsen Zähne während des ganzen Lebens und bleiben dann unten stets offen ohne Wurzel. Solche Zähne werden in der Regel am oberen Ende von den ihnen gegenüberstehenden abgerieben, ihrem Längenwachstum entsprechend; sie finden sich vor allem bei Nahrung, die die Zähne stark angreift. Bei kieselhaltiger Grasnahrung z. B. finden sich meist dauernd wachsende Backzähne (Fig. 93). Sie sind hoch, säulenförmig und ihrer ganzen Länge nach gleich dick (hypsodont, »**Säulenzähne**«), während Wurzelzähne (Fig. 94) eine verhältnismäßig niedere Krone mit etwas verschmälerter, meist deutlich abgesetzter Wurzel haben (brachyodont).

Bei den größeren Backzähnen deutet eine Kaufläche mit einer hohen scharfen Schneide auf Fleischnahrung, mit scharfen spitzen Zacken auf Insektennahrung, mit niederen Höckern auf gemischte Kost (omnivor), mit geraden oder gebogenen Leisten auf Pflanzenkost, eine ebene Kaufläche auf Grasnahrung.

Die Endglieder der Zehen (Finger) waren bei den Säugetieren wie bei den Reptilien wenigstens ursprünglich von einer gebogenen, mehr oder weniger spitzen hornigen »Kralle« umgeben, die bei den Affen zu einem nur dorsalen platten »Nagel« wird, bei den Huftieren zu einem geraden dreieckigen oder vorn abgerundeten »Huf«, der das ganze Endglied wie ein Schuh umgibt. Die Tiere sind »plantigrad« (Sohlengänger), wenn, wie es ursprünglich der Fall ist, der Fuß mit der ganzen Sohle wie beim Menschen auftritt; sie sind »digitigrad« (Zehengänger), wenn der Fuß nur noch mit den Zehen wie beim Hund auftritt; sie sind »unguligrad«, wenn nur noch die Hufe auftreten wie beim Rind und allen Huftieren.

Männchen und Weibchen sind bei Säugetieren mit wenigen Ausnahmen nur nach ihren äußeren Genitalorganen zu unterscheiden, die aber bei manchen Arten schwer erkennbar sind, sowie nach den Zitzen. Die Jungen der Säugetiere kommen in der Regel im Frühjahr zur Welt, besonders im Mai (April bis Juni), nur bei den Insektenfressern meist erst im Sommer. Nur Muriden und Leporiden werfen regelmäßig mehrmals in einem Jahr Junge, bis 4mal oder noch öfter. Die Zahl der Jungen in einem Wurf beträgt meist 3—6, mitunter bis 9, bei kleinen Insektenfressern und Muriden gelegentlich noch viel mehr. Nur Fledermäuse und Huftiere (außer den Schweinen) bringen selten mehr als 1—2 Junge zur Welt. Die Dauer der Trächtigkeit beträgt bei Muriden und Leporiden etwa 1 Monat, bei den meisten Raubtieren 2 Monate, bei Dachs 3, bei Bär 6, bei Fledermäusen 8 Monate, bei Schwein 4—5, Gemse 5, Damwild 7, bei Rotwild 8, bei Rind, Reh und Elentier 9, beim Pferd 12 Monate. Nur bei Huftieren folgen die neugeborenen Jungen etwa vom 3. Tage ab ihrer Mutter. Fledermäuse tragen ihre an sie angeklammerten Jungen ständig mit sich herum. Bei allen anderen unserer Säugetiere werden die Jungen erst längere Zeit in einem Versteck oder in einem mitunter kunstvoll gebauten Nest von der Mutter gepflegt und genährt, bis sie imstande sind ihr zu folgen.

In den Bestimmungstabellen der Säugetiere sind stets äußerlich sichtbare Merkmale angeführt und außerdem meist auch Merkmale von Schädel oder Gebiß, in der Regel nebeneinander in der gleichen Tabelle; nur die erste der folgenden Tabellen ist geteilt. Bei Feststellung der Zahl der Zähne ist zu beachten, daß an entfleischten Kieferknochen Zähne sehr leicht ausfallen, daß aber ihr Vorhandensein dann stets noch aus den Wurzellöchern (Alveolen) hervorgeht, in denen sie bisher steckten. Aber bei hohem Alter können kleine Zähne mit den Alveolen verschwinden.

Bei Angabe der Körperlänge wird bei den Säugern die Schwanzlänge gesondert gegeben, z. B. bedeutet »10 + 5 cm«: Länge von Rumpf mit Kopf 10 cm + Länge des Schwanzes 5 cm. Meist wird auch die Länge des Schädels angegeben, z. B.: »Sch 6 cm«.

A. Ordnungen unserer Säugetiere.

(äußerlich sichtbare Merkmale, s. auch **B.** Seite 145).

1 Ohne Hinterbeine. Vorderbeine bilden einheitliche Flossen ohne Krallen. Körper nackt (Haare nicht ausgebildet), spindelförmig mit wagrechter Schwanzflosse. Nur Meerestiere:
3. Ordnung CETACEA, Waltiere.

1′ Mit wohlentwickelten Hinterbeinen. Zehenenden mit Hornbedeckung (Krallen, Hufe oder Nägel). . . . 2

2 Zehenenden nur oben mit platten »Nägeln«. Daumen opponierbar:
7. Ordnung **Simiae**, Affen, zu PRIMATES.

2′ Zehenenden allseitig von Krallen oder Hufen bedeckt. **3**

3–5 Treten nur mit geraden, vorn abgerundeten oder dreieckigen »Hufen« auf (unguligrad):
6. Ordnung UNGULATA, Huftiere ... Seite 164 . . **4**

4 Beine (wenigstens die hinteren) enden mit 1 oder 3 Zehen. Pflanzenfresser:
Unterordnung **Perissodactyla**, (Pferde) Unpaarzeher.

4′ Beine enden mit 2 oder 4 Zehen:
Unterordnung **Artiodactyla**, Paarzeher **5**

5 Beine treten mit 4 wohlentwickelten Hufen auf. Mit Rüssel. Ohne Hörner. Allesfresser: Bunodontia (Schweine).

5′ Beine treten nur mit 2 Hufen auf. Hintere Hufe rudimentär (Afterklauen) oder fehlen ganz. Ohne Rüssel. Wenigstens die Männchen mit einspitzigen »Hörnern« oder mehrspitzigen, abwerfbaren »Geweihen«. Pflanzenfresser: **Selenodontia** (Ruminantia), Wiederkäuer.

3' Zehen enden mit gekrümmten, mehr oder weniger spitzen »Krallen«. Treten mit der ganzen Fußsohle (plantigrad) oder nur mit den Zehen (digitigrad) auf .   6

6 Vorderbeine zu »Flügeln« umgebildet, tragen meist nur am Daumen eine Kralle. Tierfresser:

2. Ordnung CHIROPTERA, Flebermäufe . . Seite 149

6' Vorderbeine bilden keine Flügel 7

7 Nase bildet einen verlängerten beweglichen Rüssel. Tierfresser:

1. Ordnung INSECTIVORA, Infektenfreffer . . Seite 147

7' Nase (der einheimischen Arten) bildet keinen Rüssel 8

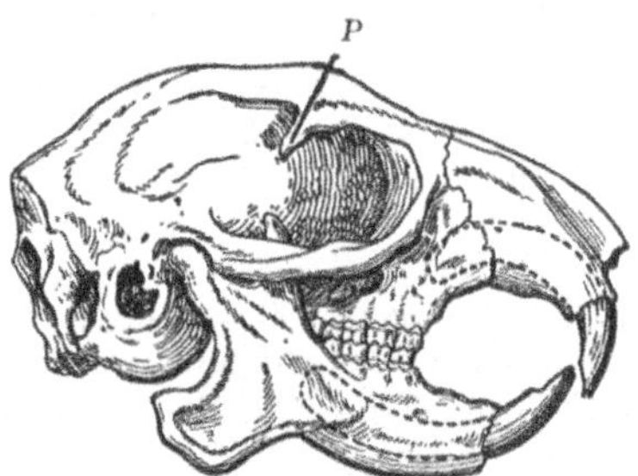

Fig. 95. Eichhörnchen, vorn nur mit
dauernd wachsendem Nagezahn
P Postorbitalfortsatz.

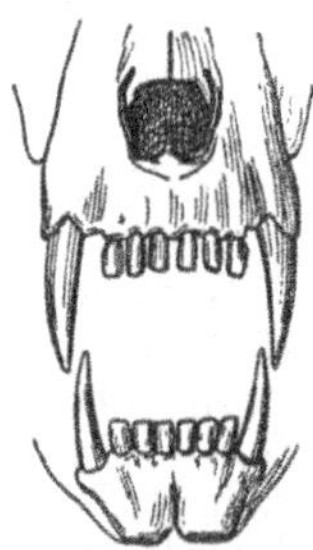

Fig. 96. Katze, von
vorn, mit langen Eck-
zähnen, dazwischen
je 6 Schneidezähne.

8 Ober- und Unterkiefer zeigt vorn nur je ein Paar großer, meißelförmiger, aneinanderstoßender »Nagezähne« (Fig. 95). Pflanzenfresser oder Allesfresser:

4. Ordnung RODENTIA, Nagetiere . . . Seite 153

8' Ober- und Unterkiefer zeigt vorn jederseits einen verlängerten spitzen »Eckzahn«, dazwischen je 6 (selten unten 4) kleine Schneidezähne (Fig. 96):

5. Ordnung CARNIVORA, Raubtiere 9

9 Mit flossenartigen Schwimmbeinen (mit Krallen). Hinterbeine nach hinten gerichtet. Körper spindelförmig. Fisch- und Seetierfresser. Nur Meerestiere.

Unterordnung **Pinnipedia**, Robben . . . . Seite 164

9′ Mit normalen Gehbeinen. Tierfresser, mitunter Allesfresser:

Unterordnung **Fissipedia, Landraubtiere**.. Seite 160

B. Ordnungen unserer Säugetiere.

(Schädel und Gebiß.)

1 Augenhöhle durch eine knöcherne Wand von der Schläfen-
höhle getrennt. Jederseits nur 2 Schneidezähne.
Zähne: 2·1·5 (6), oben wie unten:

Simiae, Affen, zu PRIMATES.

1′ Augenhöhle in offener Verbindung mit der Schläfen-
höhle **2**

2–6 Eckzähne kräftig entwickelt, stark über die übrigen
Zähne vorragend **3**

3 Oberer Eckzahn mit der Spitze nach außen gekrümmt.
Hintere Backzähne mit Höckern auf der Kaufläche.
Zähne: 3·1·7, oben wie unten:

Suidae, **Schweine,** s. UNGULATA...S. 169

3′ Oberer Eckzahn fast gerade, mit nach unten gerichteter
Spitze **4**

4 Zwischen den oberen Eckzähnen nur 2 oder 4 Schneide-
zähne, weit voneinander getrennt, sehr klein und spitz.
Kaufläche der hinteren Backzähne mit W-förmiger
Außenwand (Fig. 97–99). Schädel kleiner als 2,5 cm:

CHIROPTERA, **Fledermäuse** . . Seite 149

4′ Zwischen den oberen Eckzähnen 6 Schneidezähne
(Fig. 96). **5**

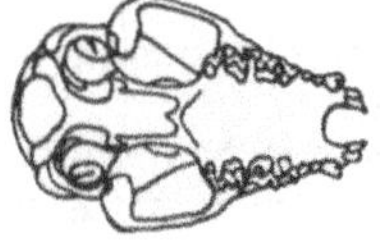

Fig. 97.
Vespertilio
murinus
(Myotis
myotis).

Schädel von unten, mit weit
getrennten Schneidezähnen.

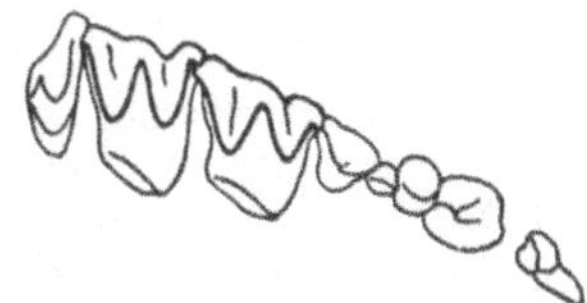

Fig. 98. Dasselbe, Kaufläche der
oberen rechten Zahnreihe.

5 Unten scheinbar 8 Schneidezähne. Obere Eckzähne zweiwurzelig, unterer scheinbarer Eckzahn (ist tatsächlich der 1. Backzahn) greift hinter dem oberen ein (Fig. 100). Kaufläche der hinteren oberen Backzähne mit W-förmiger Außenwand. Schädel höchstens 3,5 cm:

Talpidae, Maulwürfe, s. INSECTIVORA... Seite 147

5′ Unten 6 oder 4 Schneidezähne. Obere Eckzähne einwurzelig, untere greifen vor den oberen ein. Äußere Schneidezähne am größten. Oberes Kiefergelenk bildet eine Querrinne. Schädel länger als 3 cm:

CARNIVORA, Raubtiere 6

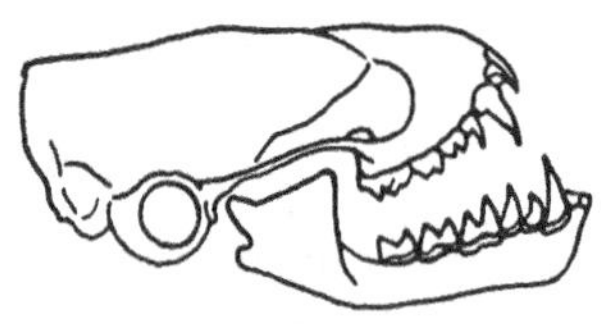

Fig. 99.
Vesperugo, Schädel von der Seite.

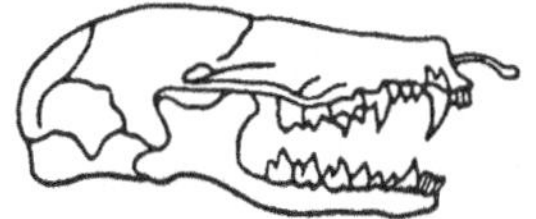

Fig. 100. Maulwurf, Schädel von der Seite. Unterer scheinbarer Eckzahn greift hinter dem oberen ein, da es der erste Backzahn ist, während der 4. Schneidezahn der echte Eckzahn ist.

6 Oben und unten 6 Schneidezähne, dicht aneinander gedrängt (Fig. 96). Backzähne sehr ungleich (Fig. 92, S. 140):

Fissipedia, Landraubtiere . . . Seite 160

6′ Oben 6, unten 4 Schneidezähne, etwas voneinander getrennt. Je 5 Backzähne, gleichen einander:

Pinnipedia, Robben........... Seite 164

2′ Eckzähne klein oder fehlend, ragen nicht vor 7

7 Alle Zähne gleichartig, kegelförmig, einwurzelig, oder fehlen ganz (selten ein einziger Zahn):

CETACEA, Waltiere.

7′ Zähne nicht gleichartig. Die größeren Backzähne mehrwurzelig, oder säulenförmig und unten offen . . . 8

8 Sämtliche Zähne oben und unten stehen in je 2 annähernd parallelen, lückenlosen Längsreihen. Vorderster Zahn vergrößert. Schädel höchstens 6,5 cm:

INSECTIVORA, Insektenfresser..Seite 147

a) Der vorderste obere und untere Schneidezahn steht aufrecht und ist gerade. Große obere Backzähne vierhöckerig und quadratisch. Schädel –6 cm:

Erinaceidae, Jgel.

b) Der vorderste obere Schneidezahn hakenförmig, der untere sehr groß und horizontal (Fig. 101). Große obere Backzähne mit scharfzackiger Kaufläche und W-förmiger Außenwand. Schädel –2,3 cm lang:

Soricidae, Spitzmäuse.

8′ Zwischen der zusammenhängenden Reihe der Backzähne und den Schneidezähnen eine längere zahnlose Lücke (darin selten ein verkümmerter Eckzahn). 9

9 Oben und unten nur 2 (jederseits 1) von außen sichtbare meißelförmige Schneidezähne (Fig. 95, S. 144). Keine Eckzähne. Oberes Kiefergelenk bildet eine Längsrinne. Schädel höchstens 15 cm lang:

RODENTIA, Nagetiere . . . . Seite 153

9′ Unten eine zusammenhängende Querreihe von 6–8 Schneidezähnen 10

10 Obere Schneidezähne fehlen ganz, unten eine Querreihe von 8 Schneidezähnen. Kaufläche des 4. u. 5. Backzahns zeigt oben wie unten 4 oft zusammenfließende Halbmonde (Fig. 116, S. 165). Schädel länger als 15 cm:

Selenodontia, Wiederkäuer, s. UNGULATA, Seite 169

10′ Oben und unten bilden je 6 Schneidezähne einen queren Bogen. Backzähne sind hohe Säulen mit quadratischer (untere mit rechteckiger), fast ebener Kaufläche. Schädel sehr groß. Hengst mit kleinem, Stute ohne Eckzahn:

Equidae. Pferde, s. UNGULATA, Seite 169

1. Ordnung **Insectivora,** Insektenfresser.

Insektenfresser sind die altertümlichsten Placentalia, von denen schon aus der Kreidezeit (in der Mongolei) Reste vorliegen. Diese ältesten Formen stehen den jetzt noch in Madagaskar lebenden Insektenfressern sehr nahe. Insektenfresser sind durchgehends kleine Tiere, unser Jgel ist eine der größten bekannten Arten.

Die bei uns lebenden Gattungen sind alle schon im Miocän vorhanden, zählen also zu den ältesten der rezenten Säugetiergattungen. Jgel gibt es nur in der Alten Welt, in Südostasien solche ohne Stacheln von rattenähnlichem Aussehen. Maulwürfe leben nur im Norden der Alten und Neuen Welt, Spitzmäuse in allen Erdteilen außer Australien und fast ganz Südamerika. Es sind sämtlich Tierfresser, nur die Jgel sind Omnivoren, die auch einen Winterschlaf bei uns halten.

1 Körper mit Stacheln bedeckt: *Erinaceidae*, Jgel. (s. Seite 147). Sch 6 cm.

  29 + 4 cm: **Erinaceus europaeus, Jgel.**

1′ Körper nur mit weichen Haaren 2

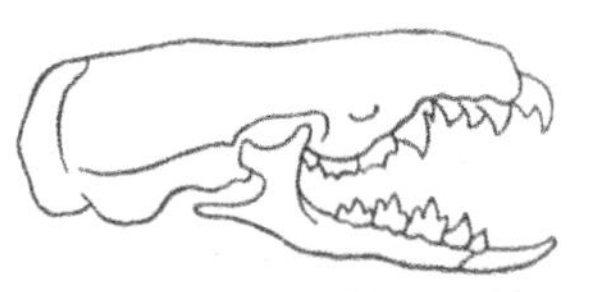

Fig. 101. Hausspitzmaus, Schädel von der Seite.

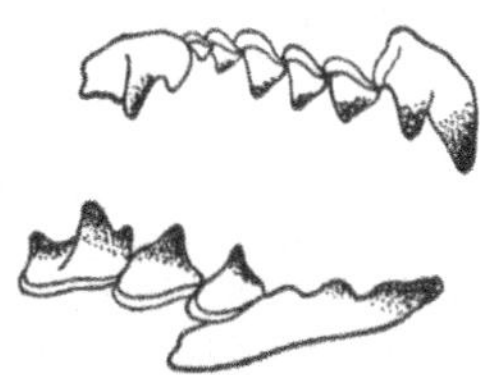

Fig. 102. Waldspitzmaus, vordere Zähne oben und unten.

2 Vorderbeine viel breiter als Hinterbeine, zu Grabschaufeln ausgebildet. Mit stark vorragenden Eckzähnen (s. Seite 146). Sch 3,5 cm: *Talpidae*, Maulwürfe.

  16+2,5 cm: **Talpa europaea, Maulwurf.**

2′ Vorderbeine nicht breiter als Hinterbeine. Keine vorragenden Eckzähne, aber der vorderste Zahn auffallend groß (s. Seite 147 u. Fig. 101): *Soricidae*, Spitzmäuse . 3

3 Schwanz mit einzelnen weit vorstehenden Haaren. Zähne ganz weiß. Vor dem 1. großen oberen Backzahn stehen 4 Zähne (Fig. 101): Sch 18–20 mm:

      Crocidura 4

4 Weiße Unterseite scharf abgesetzt von der dunklen Oberseite. Der 3. obere Zahn größer als der 4.

  10+3,5 cm: **C. leucodon Feldspitzmaus.**

4' Hellgraue Unterseite geht allmählich in die dunkle Oberseite über. Der 3. obere Zahn nicht größer als der 4.
11 + 4 cm: **C. russula** (aranea), Hausfpitzmaus.
(Eine etwas kleinere Form wird **C. mimula** genannt.)

3' Keine einzeln vorstehenden Haare am Schwanz. Zahn-
spitzen rotbraun 5

5 Unterseite des Schwanzes und Außenseite der Hinterfüße mit einem Streifen starrer Borsten. Oben schwarz,
unten scharf abgesetzt weißlich. Vor dem 1. großen oberen
Backzahn stehen noch 5 Zähne. Sch 21 mm.
15 + 6 cm: **Neomys fodiens** (Crossopus), Wafferfpitzmaus.
(Eine kleinere Form **N. milleri** ohne Borstenreihe
unter dem Schwanz ist alpin.)

5' Schwanz und Hinterfüße nur mit anliegenden Haaren.
Vor dem 1. großen oberen Backzahn stehen noch 6 Zähne
(Fig. 102): **Sorex** 6

6 Schwanz so lang wie der übrige Körper. Unten etwas heller
grau als oben. 2. unterer Zahn zweispitzig. Sch 20 mm.
7 + 7 cm: **S. alpinus**, Alpenfpitzmaus . . . Gebirge.

6' Schwanz beträchtlich kürzer als Körper. 2. unterer Zahn
einspitzig (Fig. 102). 7

7 Höchstens 6 cm lang ohne Schwanz. 4. oberer Zahn
größer als der 3.. Sch 15–16 mm.
6 + 3,5 cm: **S. minutus** (pygmaeus), Zwergfpitzmaus.

7' Mindestens 6,5 cm lang ohne Schwanz. 4. oberer Zahn
kleiner als der 3.. Sch 18–19 mm.
7,5+4,5cm: **S. araneus** (vulgaris), Waldfpitzmaus.

2. Ordnung **Chiroptera**, Fledermäufe.

Die ältesten Chiroptera finden sich im Eocän. Unsere
nächtlich lebenden Fledermäuse sind sämtlich sehr gewandte Flieger, die ihre Insektennahrung hauptsächlich im
Flug fangen. Bei Tag schlafen sie in dunklen Verstecken,
in denen sie auch ihren Winterschlaf halten. Fruchtfres-
sende Formen von z. T. beträchtlicher Größe (Fliegende
Hunde bis Mardergröße) gibt es nur in den Tropenländern,
besonders auf der Inselwelt zwischen Australien und Asien.

1 Nase mit auffallenden hufeisenförmigen Hautfalten. Oben
jederseits 1, unten 2 winzige Schneidezähne:
   Fam. *Rhinolophidae*:
   Rhinolophus, Hufeisennaſe.

2 Flughaut nicht bis zur Ferse. Sch 21 mm.
 6,2 + 4 cm: **Rh. ferrum-equinum,** Große Hufeisennaſe.

2′ Flughaut bis zur Ferse. Sch 15 mm.
 4 + 3 cm: **Rh. hipposideros,** Kleine Hufeisennaſe.

1′ Nase ohne Hautfalten. Oben jederseits 2, unten 3 Schneidezähne: Fam. *Vespertilionidae* **3**

3 Ohren am Grunde miteinander verwachsen. Nasenlöcher nach oben **4**

4 Ohren kürzer als Kopf. Oben 5, unten 5 Backzähne.
 5 + 5 cm: **Barbastella barbastella (Synotus),** Mops-
fledermaus.

4′ Ohren so lang als Rumpf. Oben 5, unten 6 Backzähne.
Ohr 3,6 cm lang. Sch 14–16 mm.
 4,5+4,5 cm: **Plecotus auritus,** Ohrenfledermaus.

3′ Ohren weit von einander getrennt. Nasenlöcher nach
vorn **5**

5–11 Ohrhaut dünn, durchscheinend. Ohrdeckel von etwa
halber Ohrenlänge, schmal, nach oben verjüngt (Fig. 103).
Fersensporn ohne Hinterlappen. Oben 6, unten 6 Backzähne (Fig. 97 u. 98, S. 145):
   Myotis (Vespertilio) **6**

6 Ohr mit 8–10 Querfalten (Fig. 103) **7**

7 Schädellänge ca 16 mm.
 5 + 4 cm: **M. bechsteini** . . . selten.

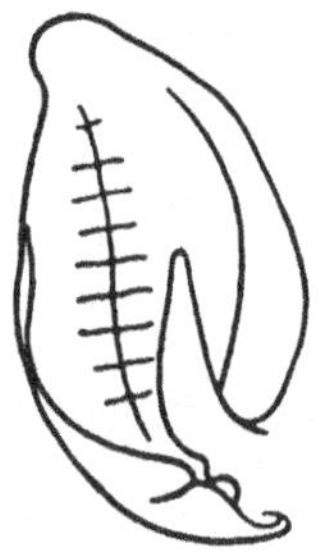

Fig. 103. Myotis
murinus. Ohr mit
Ohrdeckel.

Fig. 104. Myotis
daubentoni. Ohr
mit Ohrdeckel.

7′ Schädellänge ca. 22 mm.
7 + 5,5 cm: **M. murinus** (myotis), Gemeine Flebermaus.

6′ Ohr mit 4–6 Querfalten **8**

8 Schwanzende ragt nicht frei hervor. Schwanzflughaut
am Rand dicht behaart. Ohr mit 5–6 Querfalten . . **9**

9 Schwanzflughaut hinten mit starren krummen Haaren.
Flughaut reicht nicht bis Zehenwurzel.
5 + 4 cm: **M. nattereri** . . . selten.

9′ Schwanzflughaut hinten mit weichen dichten Haaren.
Flughaut reicht bis Zehenwurzel.
5 + 4 cm: **M. emarginatus** . . . Rheinprovinz.

8′ Schwanzende ragt frei vor. Schwanzflughaut hinten
unbehaart. Ohr mit 4 Querfalten (Fig. 104) . . . Fliegen
am Wasser. **10**

10 Flughaut bis Zehenwurzel. Langhaarig.
4,5 + 4 cm: **M. mystacinus**, Bartflebermaus . . . selten.

10′ Flughaut nicht bis Zehenwurzel **11**

11 Flughaut bis Mitte der Fußsohle. Unterer 3. Schneidezahn fast doppelt so breit als dick. Sch 13,5 mm.
4,5+3,5 cm: **M. daubentoni**, Wafferflebermaus.

11′ Flughaut bis Ferse. Unterer 3. Schneidezahn kaum
breiter als dick. Sch 16 mm.
6 + 5 cm: **M. dasycneme**, Teichflebermaus.

5′ Ohrhaut dicker, nicht durchscheinend. Ohrdeckel meist
kürzer als halbe Ohrlänge. Fersensporn mit Hinterlappen. Oben 4–5, unten 5 Backzähne:
Vesperugo **12**

12 Ohrdeckel von halber Ohrenlänge, schmal, nach oben verjüngt (Fig. 105). Schwanzende frei. Oben 4 Backzähne.
Sch 20 mm.
7+5 cm: **V. serotina** (Eptesicus), Spätfliegenbe
Flebermaus.

12′ Ohrdeckel kürzer (Fig. 106). Schwanzende nicht frei **13**

13 Ohrdeckel in der oberen Hälfte etwas verschmälert.
Oben 5 Backzähne (Pipistrellus) **14**

14 Unterer Eckzahn immer mit einem Zacken in halber Höhe.
Sch 11,5 mm.
4+3 cm: **V. pipistrella**, Zwergflebermaus . . . Häufig.

14′ Zacken des unteren Eckzahnes viel tiefer. Sch 13 mm. 4,5+3,5 cm: **V. nathusii** … selten.

13′ Ohrdeckel in der oberen Hälfte nicht verschmälert **15**

15 Ohrdeckel in der oberen Hälfte stark verbreitert (Fig. 107). Oben 5 Backzähne, der 1. nur von innen sichtbar, sehr klein (Nyctalus) **16**

16 Untere Schneidezähne stehen schräg. 2. oberer Schneidezahn doppelt so dick als 1.. Sch 19 mm.

7,5 + 5 cm: **V. noctula**, Große Specmaus.

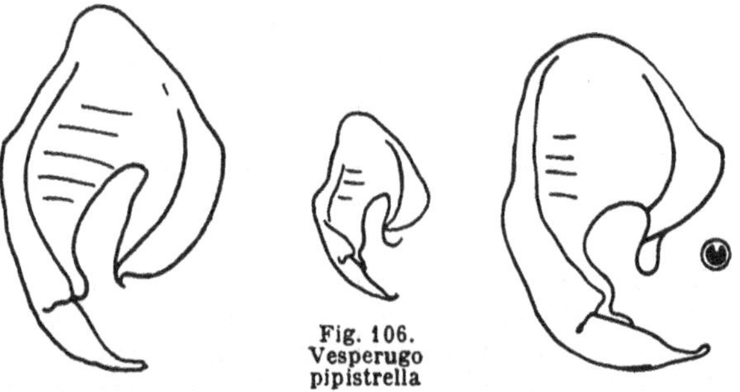

Fig. 106.
Vesperugo
pipistrella

Fig. 105. Vesperugo serotina   Fig. 107. Vesperugo noctula

Ohren mit Ohrdeckel (Tragus)

16′ Untere Schneidezähne stehen normal. 2. oberer Schneidezahn so dick wie 1.

5,5+3,5 cm: **V. leisleri** … selten.

15′ Ohrdeckel in der oberen Hälfte wenig verbreitert. Oben 4 Backzähne **17**

17 Rings um den Körper ist die Flughaut weiß. 1. oberer Schneidezahn viel größer als 2.. Sch 15 mm.

6 + 4 cm: **V. discolor** (Vespertilio murinus) Zweifarbige Fledermaus.

17′ Unterseite des Halses scharf abgesetzt hell. Obere Schneidezähne etwa gleich groß. Sch 16 mm:

7 + 4 cm: **V. nilssoni** (Eptesicus), Nordische Fledermaus … Gebirge.

4. Ordnung **Rodentia**, Nagetiere.

Nagetiere sind meist von geringer Größe, eine der größten Formen ist unser Biber. Nur aus Südamerika kennen wir einige Riesenformen von Nagern fossil. Die Ordnung dürfte von Insektivoren abzuleiten sein und tritt zuerst im oberen Eocän auf.

Der Nagezahn ist stets wurzellos (Fig. 95, S. 144, Fig. 108), wird meißelartig abgeschliffen. Die Backzähne besitzen bei vielen Formen noch lange Wurzeln und niedere Krone mit Höckern. Viele andere Formen zeigen aber säulenförmige Backzähne mit ebener Kaufläche. Der Abbau der Backzähne, der bei den Nagern eine große Rolle spielt, geht stets vom vordersten Backzahn aus. Bei der Familie der *Muridae*, der Mäuse, bleiben nur noch die 3 letzten Backzähne erhalten. Diese Familie ist weitaus die artenreichste und über die ganze Erde verbreitet. Sie findet sich als einzige Familie der Nager in Madagaskar, und sie ist die einzige Familie von plazentalen Landsäugetieren, die sogar in Australien sich einbürgerte. Die Familien der Hasen und der Eichhörnchen kommen in allen anderen Erdteilen ebenfalls vor, Schläfer nur in der Alten Welt. Der Biber findet sich im Norden der Alten und Neuen Welt. Früher auch in Deutschland weit verbreitet, lebt er jetzt bei uns nur noch in der Elbe bei Magdeburg. Als Haustier ist seit langem das Meerschweinchen bei uns eingeführt, dessen Stammform **Cavia cutleri** wild in Peru lebt. Viele unserer einheimischen Nager halten einen Winterschlaf.

1 Oben 6, unten 5 säulenförmige Backzähne ohne Wurzeln (Fig. 108). Hinter den oberen Nagezähnen 2 kleine Stiftzähne. Vor dem Auge ein siebartiger Knochen am Schädel. Ohren und Hinterbeine auffallend lang. Schwanz sehr kurz:

Leporidae, Hasen 2

2 Gaumenspalte hinter dem harten Gaumen doppelt so breit als Backzähne. Ohren länger als Kopf. Ohrenspitze schwarz. Schwanz weiß und schwarz. Sch 10 cm. 65 + 8 cm: **Lepus europaeus (timidus)**, Feldhase.

2′ Gaumenspalte ebenso. Ohr kürzer als Kopf. Ohrenspitze
schwarz. Schwanz ohne Schwarz. Winterkleid weiß.
Sch 9 cm.
51 + 6 cm: **Lepus timidus (variabilis),** Alpenhaſe,
Schneehaſe ... Alpen; in Ostpreußen die etwas größere
nordische Form.

2″ Gaumenspalte (Fig. 109 X) nicht viel breiter als Backzähne. Ohr kürzer als Kopf. Ohrenspitze braun. Schwanz
schwarz und weiß. Sch 8 cm.
40 + 6 cm: **Lepus (Oryctolagus) cuniculus,** Kaninchen,
Karnickel ... stammt aus Südwesteuropa.

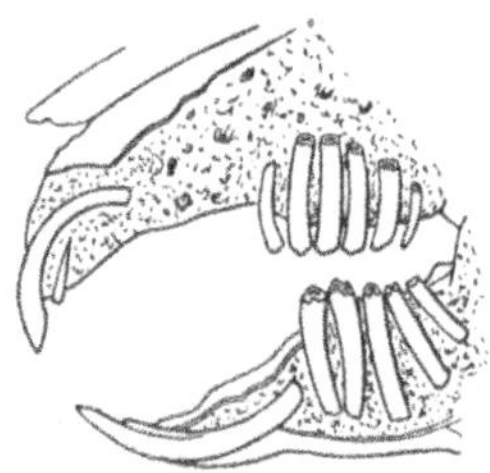

Fig. 109.
Kaninchen, Ansicht
des harten Gau-
mens; die hintere
Spalte des Gau-
mens (×) ist nicht
breiter als die Back-
zähne.

**Fig. 108. Hase, mit säulen-
förmigen Nagezähnen und
Backzähnen.**

1′ Weniger Backzähne. Kein Stiftzahn hinter den Nagezähnen. Ohren und Hinterbeine nicht verlängert . . **3**

3 Oben und unten je 3 Backzähne, mit oder ohne Wurzeln. Schwanz ohne verlängerte Haare, nicht verbreitert:
Muridae, Mäuſe . . . . Seite 156

3′ Oben 4–5, unten 4 Backzähne. Schwanz buschig und
lang behaart, oder breit und mit Schuppen bedeckt,
oder fehlt ganz. **4**

4–10 Backzähne mit deutlichen Wurzeln und niederer
Krone. Schwanz buschig behaart. Daumen fehlt oder
verkümmert **5**

5 Oben 5 Backzähne, der erste manchmal winzig. Postorbitalfortsatz (Fig. 95 P, S. 144, hinter der Augenhöhle
oben am Schädel) sehr deutlich. Ohren dicht behaart:
Sciuridae, Eichhörnchen **6**

6 Der 1. obere Backzahn winzig klein. Schwanz fast
körperlang. Ohr mit Haarpinsel. Sch 5 cm.
22 + 17 cm: **Sciurus vulgaris**, Eichhörnchen.

6' Der 1. obere Backzahn fast halb so groß als 2.. Schwanz
viel kürzer als Körper. Kein Ohrpinsel. **7**

7 Größer. Schwanz ganz buschig. Graubraun. Sch 10 cm.
50 + 14 cm: **Marmota marmota (Arctomys)**,
Murmeltier . . . Alpen.

7' Kleiner. Schwanz nur am Ende buschig. Graugelb.
Sch 4,5 cm.
22 + 7 cm: **Spermophilus citellus (Citellus)**, Ziesel . . .
Schlesien.

5' Oben 4 Backzähne. Kein Postorbitalfortsatz. Ohren fast
nackt: *Myoxidae*, Schläfer **8**

8 Schwanz nur am Ende buschig, schwarz, unten weiß.
Kopf mit Schwarz und Weiß. Sch 3,7 cm.
12 + 10 cm: **Eliomys quercinus**, Gartenschläfer.

8' Schwanz gleichmäßig buschig, einfarbig. Kopf ohne
Weiß **9**

9 Schwarzer Ring um das Auge bis zum Ohr. Oben graubraun, unten weiß. Sch 3 cm.
9 + 9 cm: **Dyromys nitedula**, Baumschläfer . . .
Schlesien, Tirol.

9' Kopf ohne Schwarz, einfarbig **10**

10 Oben aschgrau. Sch 4 cm.
18 + 15 cm: **Myoxus glis (Glis)**, Siebenschläfer, Bilch.

10' Gelblichrot. Sch 2,7 cm.
7 + 7 cm: **Muscardinus avellanarius**, Haselmaus.

4' Oben und unten je 4 säulenförmige Backzähne ohne
Wurzeln, mit fast ebener Kaufläche. Schwanz nicht
buschig behaart **11**

11 Backzähne mit abgerundeten seitlichen Falten (Fig. 110).
Postorbitalfortsatz klein. Großer breiter Schwanz mit
Schuppen. Vorn und hinten 5 Zehen mit Schwimmhäuten:
Castoridae:
a) Braun. Sch −14 cm.
80 + 38 cm: **Castor fiber**, Biber . . . nur noch in der Elbe.

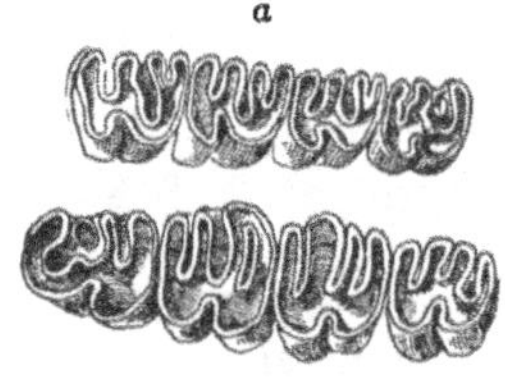

a

b

Fig. 110.　Biber, linke obere (*a*) und untere
(*b*) Backzahnreihe, Kaufläche.
Vorderseite ist links.

11′ Backzähne mit scharfkantigen seitlichen Falten. Kein
Postorbitalfortsatz. Ohne Schwanz. Vorn 4, hinten
3 Zehen:　*Caviidae*:

　　a) Meist weiß, braungelb und schwarz. Sch 6,5 cm.
　　　28 cm:　　　**Cavia cobaya, Meerſchweinchen** ... stammt
　　　aus Peru.

Fam. **Muridae, Mäuſe.**

　　Bei dieser in allen Erdteilen verbreiteten, außerordentlich artenreichen Familie der Mäuſe sind nur noch die
3 hintersten Backzähne vorhanden, denen kein Milchzahn
vorausgeht. Die Unterfamilie der *Cricetinae* ist bei uns
nur durch den körnerfressenden Hamſter vertreten, ein
echtes Steppentier, das in Getreidefeldern oft großen Schaden
verursacht. Er fehlt in vielen Gegenden ganz, so im größten
Teil von Bayern, und geht westlich nur bis zu den Vogesen.
Zu dieser Unterfamilie gehört die große Menge der in Süd-
und Nordamerika heimischen Mäuse, während sie in der
Alten Welt nur spärlich vertreten ist. Die in der Alten
Welt lebenden Muriden gehören größtenteils zur Unterfamilie der *Murinae*. Es sind omnivore Formen, und die
zu ihnen zählende Hausmaus sowie Hausratte und Wanderratte haben sich mit dem Menschen über die ganze Erde
verbreitet. In den arktischen Gebieten, wo die anderen
Gruppen von Mäusen fehlen, sowie in den nördlichen gemäßigten Teilen der Alten Welt und von Nordamerika
spielt die Unterfamilie der *Arvicolinae*, die Wühlmäuſe,
eine hervorragende Rolle. Es sind Pflanzen- und Gras-
fresser mit wurzellosen Säulenzähnen. Dahin gehört die
Feldmaus, **Microtus arvalis**, ein großer Schädling des Acker-

baues, die in manchen Jahren in ungeheurer Menge auftritt. Sie bildet die Hauptnahrung für den größten Teil unserer Raubtiere und Raubvögel. Auch die Wasserratte, die als wühlende „Schermaus" besonders in Gärten oft ein großer Schädling ist, zählt zu dieser Unterfamilie. In jüngster Zeit, seit 1906, wurde die ebenfalls hierher gehörige Bisamratte aus Nordamerika in Böhmen eingeführt und hat sich seitdem auch in Deutschland weit verbreitet. Ihr Winterbalg gibt ein geschätztes Pelzwerk, sie richtet aber durch ihre Wühlereien an Dämmen oft großen Schaden an. Hamster und Wasserratte nehmen gelegentlich auch tierische Nahrung an.

1–7 Schwanz sehr kurz, oder körperlang, drehrund und fast nackt. Backzähne mit langen Wurzeln und niederer Krone, mit Höckern oder Leisten auf der Kaufläche 2

2 Schwanz sehr kurz. Kaufläche der Backzähne mit geraden Querleisten:

Cricetinae, Hamster.

  a) Oben braungelb, unten schwarz. Sch 5 cm.
  27 + 6,cm: **Cricetus frumentarius**, Hamster.

2′ Schwanz etwa körperlang, fast nackt. Kaufläche der Backzähne mit bogenförmig angeordneten Höckern:

Murinae, Mäuse: **Mus** 3

3 Körper länger als 15 cm. Hinterfüße (Ferse bis Krallenspitze) länger als 3 cm. Alle Gaumenfalten einfach 4

4 Ohr reicht mit der Spitze bis zum Auge. Hinterfuß kürzer als 4 cm. Schwanz länger als Körper. Etwa 250 Schwanzringel. Oben schwärzlich grau, unten etwas heller. Sch 38–43 mm.
  18 + 21 cm: **M. rattus** (Epimys), Hausratte.
    (**M. alexandrinus** ist ebenso, aber mit bräunlichem Rücken und weißlichem Bauch.)

4′ Ohr kürzer. Hinterfuß länger als 4 cm. Schwanz kürzer als Körper. Etwa 220 Schwanzringel. Oben bräunlich, unten scharf abgegrenzt weißlich. Sch 45–54 mm.
  24 + 19 cm: **M. decumanus** (Epimys norvegicus), Wanderratte.

3′ Körper kürzer als 10 cm. Hinterfuß kürzer als 3 cm. Hintere Gaumenfalten geteilt 5

5 Ein schwarzer Rückenstreif. Oben braunrot, unten weiß.
10 + 8 cm.   **M. agrarius** (Apodemus), Brandmaus ...
Norden.

5′ Kein Rückenstreif **6**

6 Ohr klein, höchstens ein Drittel Kopflänge. Oben bräunlich, Unterseite und Lippen weiß. Sch 17 mm.
5 + 6 cm :   **M. minutus** (Micromys), Zwergmaus.

6′ Ohr von halber Kopflänge, reicht bis zum Auge . **7**

7 Grau, unten etwas heller. 1. u. 2. oberer Backzahn
innen mit 2 Höckern. Sch 20–22 mm.
9 + 9,5 cm :   **M. musculus**, Hausmaus.
   (**M. spicilegus** aus Pommern ist wie M. musculus, aber
   unten weiß und etwas kleiner).

7′ Oben gelbbraun, unten weiß. Füße weiß. 1. und 2.
oberer Backzahn innen mit 3 Höckern. Sch 22–24 mm.
9,5 + 9 cm :   **M. sylvaticus** (Apodemus), Waldmaus.
   (**M. flavicollis** mit oder ohne gelblichen Brustfleck.
   11 + 11 cm, im Nordosten.)

1′ Schwanz drehrund mit anliegenden Haaren und höchstens halb so lang als Körper, oder stark komprimiert
(zusammengedrückt), körperlang und fast nackt. Backzähne säulenförmig, meist ganz ohne Wurzeln, mit
zusammenhängender, ganz ebener Kaufläche und scharfkantigen, seitlichen Falten (Fig. 111, 112):
         Arvicolinae, Wühlmäuse **8**

8 Schwanz stark komprimiert, körperlang, fast nackt.
Oben braun, unten grau. Sch –60 mm.
29+29 cm :   **Fiber zibethicus**, Bisamratte ... Stammt
aus Nordamerika, seit 1906 bei uns verwildert.

8′ Schwanz drehrund, anliegend behaart, höchstens von
etwa halber Körperlänge **9**

9 Hintere Fußsohlen mit 5 Schwielen. Ohren sehr kurz,
fast ganz im Pelz verborgen **10**

10 Oben und unten schwarz bis braungrau. 1. unterer Backzahn außen mit 3, innen mit 4 Kanten. Sch 35–36 mm.
17+8,5 cm :   **Arvicola scherman** (amphibius), Wasserratte, Schermaus, Reutmaus (Fig. 111).

10′ Oben rostgrau, unten weißlich. Füße weißlichgrau.
1. unterer Backzahn außen mit 4, innen mit 5(6) Kanten.
9+3,5 cm: **Pitymys subterraneus** ... selten.

9′ Hintere Fußsohlen mit 6 Schwielen **11**

11 Ohr von halber Kopflänge, ragt aus dem Pelz hervor.
Schwanz unten weißlich, fast von halber Körperlänge **12**

12 Oben braunrot, unten scharf abgesetzt weiß. Füße
weiß. 1. unterer Backzahn außen und innen mit 4
Kanten. Backzähne im Alter mit Wurzeln. Sch 22–26 mm.
10+4,5 cm: **Evotomys glareolus, Rötelmaus** ... geht bis
hoch in die Alpen.

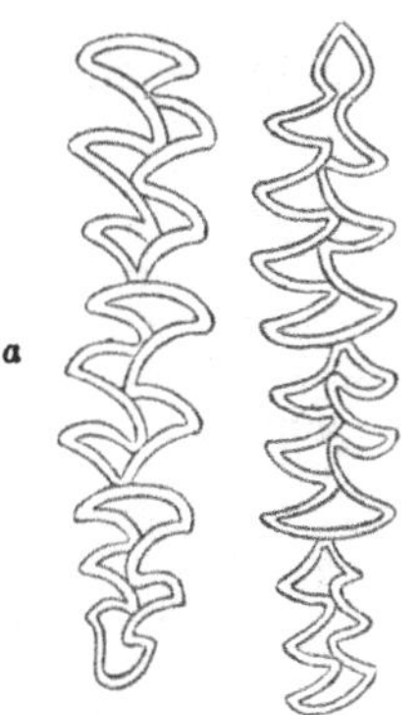

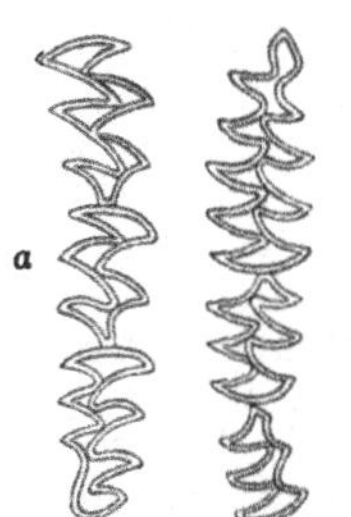

Fig. 111. Wasserratte,
rechte obere (*a*) und
untere (*b*) Backzahn-
reihe, Kaufläche.
Vorderseite ist oben,
a und *b* ist Außenseite.

Fig. 112. Feldmaus,
rechte obere (*a*) und
untere (*b*) Backzahn-
reihe, Kaufläche.

12′ Oben schwärzlichbraun, unten grauweiß. Füße graubraun. 1. unterer Backzahn außen mit 3, innen mit
5 Kanten. Backzähne ohne Wurzeln. Sch 30 mm.
13+6 cm: **Microtus ratticeps, Nordische Wühlmaus,**
Nordosten.

11′ Ohr von nur ein Drittel Kopflänge, im Pelz verborgen.
Unterseite weißlich bis gelblich. 1. unterer Backzahn
außen mit 4, innen mit 5 Kanten: **Microtus:** . . . **13**

13 Schwanz einfarbig, mit weißlichen Haaren, von halber
Körperlänge. Oben braungrau, unten grauweiß. 2. oberer
Backzahn außen und innen mit je 3 Kanten. Sch 29 mm.
14+7 cm: **M. nivalis, Schneemaus** ... Alpen über
1300 m.

13′ Schwanz zweifarbig, unten weißlich, von ein Drittel
    Körperlänge **14**
14 Oben schwärzlich braun. 2. oberer Backzahn außen und
    innen mit je 3 Kanten. Sch 25–28 mm.
    12 + 4 cm: **M. agrestis,** Erbmaus.
14′ Oben gelblich braun. 2. oberer Backzahn außen mit 3,
    innen mit nur 2 Kanten (Fig. 112). Sch 23–25 mm.
    11,5 + 4 cm: **M. arvalis,** Jelbmaus ... sehr häufig.

5. Ordnung **Carnivora,** Raubtiere.

A. FISSIPEDIA, Lanbraubtiere.

Echte, den jetzt lebenden ähnliche Raubtiere gibt es
seit dem Obereocän, und zwar in zibetkatzenähnlichen
Formen. Unsere lebenden Gattungen finden sich meist erst
seit dem Pliocän, wenige auch schon im Obermiocän.

Vertreter der bei uns vorkommenden Familien leben
in allen Erdteilen außer Australien, nur Zibetkatzen (und
Hyänen) fehlen in Amerika, Bären in Afrika. In Madagaskar
gibt es nur Zibetkatzen. Urfiden, Caniden und Musteliden,
auch Feliden kommen noch im hohen Norden vor. Die
Carnivora sind seit ihrem ersten Auftreten hauptsächlich
Säugetierfresser. Die Stammesentwicklung ging so vor sich,
daß vor allem die hinteren Backzähne (Höckerzähne), die
bei Fleischfressern nur eine nebensächliche Rolle spielen,
allmählich abgebaut wurden, was bei den Katzen und den
Hyänen am weitesten fortgeschritten ist; da sie sich aber
für Pflanzennahrung sehr gut eignen, paßten sie sich bei
einigen Gruppen dieser Funktion an, und so entstanden
die Omnivorengruppen der Bären, Waschbären und Dachse.
Viele Musteliden liefern ein sehr wertvolles Pelzwerk.

Hunde, Katzen und Hyänen sind digitigrad und treten nur
mit den Zehen auf, die anderen Familien mit der ganzen Sohle
(plantigrad).

Der längste (nicht höchste) untere Backzahn ist der »R e i ß -
z a h n«, ihm gegenüber steht etwas vor ihm der obere Reißzahn,
der auch meist der längste obere Backzahn ist und mit dem
unteren Reißzahn meist eine »Knochenschere« bildet. Sind 2
untere Backzähne etwa gleichlang, dann ist der vordere der
Reißzahn. Hinter den Reißzähnen stehen die »H ö c k e r z ä h n e«,
davor die »L ü c k e n z ä h n e« (Fig. 92, S. 140).

1–4 Oben 2 und unten 2 Höckerzähne. Mit hohen Beinen
   und gestrecktem Kopf 2
 2 Reißzähne mit niedrigen Höckern, der obere viel kleiner
   als der letzte Backzahn. Schwanz verkümmert. Plantigrad: *Ursidae*, Bären.
   a) Braun. Sch 26–35 cm.
      –190 cm: Ursus arctos, Brauner Bär ... ausgerottet.
 2′ Reißzähne mit hoher schneidender Krone, der obere
   viel größer als der letzte Backzahn. Schwanz wohlentwickelt, buschig. Digitigrad:
   Canidae, Hunde: Canis (♂ Rübe, jung Welpen). . 3
 3 Stirn ist stufenförmig von der Schnauze abgesetzt am
   Schädel: C. familiaris, Haushund.
 3′ Schnauze geht ziemlich gleichmäßig in die Stirn über 4
 4 Gelbbraun. Sch ca. 23 cm (Fig. 92, S. 140).
   110+60 cm: C. lupus, Wolf ... Lothringen, Ostpreußen.
 4′ Fuchsrot mit weißer Schwanzspitze. Sch 15 cm.
   70+35 cm: C. vulpes, Fuchs, Rotfuchs, ♀ Fähe.
      Kohlfuchs (mit schwarzem Bauch), Schwarzfuchs, Sil-
      berfuchs, Kreuzfuchs sind Farbenvarietäten des im
      Norden der Alten und Neuen Welt verbreiteten Rot-
      fuchses, alle mit weißer Schwanzspitze. Blau-, Eis-,
      Weiß-, Polarfuchs ist eine andere, im höchsten Norden
      vorkommende Art (C. lagopus).

 1′ Unten 1 oder kein Höckerzahn 5
 5–13 Unten 1 Höckerzahn. Kopf gestreckt, oft spitz. Beine
   niedrig. Plantigrad 6
 6 Oben 2 Höckerzähne. Rücken und Schwanz gefleckt
   oder gebändert: *Viverridae*, Zibetkatzen.
   a) Grau mit schwarzen Fleckenreihen. Schwanz buschig,
      mit weißen Ringen. Sch ca. 8 cm.
      50+40 cm: Genetta vulgaris, Ginsterkatze ... Elsaß,
      sehr selten. Südwesteuropa.
 6′ Oben 1 Höckerzahn. Kopf gestreckt, mit spitzer oder
   runder Schnauze. Rücken und Schwanz nicht gefleckt
   oder gebändert:

            Mustelidae, Marder 7
 7 Hirnkapsel fast doppelt so breit als hoch. Hinterhaupts-
   loch viel breiter als hoch. Oberer Höckerzahn so groß wie

Reißzahn. Oben und unten 3 Lückenzähne. Zehen mit
Schwimmhaut. Schwanz läuft spitz zu, mit anliegenden
Haaren. Braun, ohne helle Zeichnung. Sch –12 cm.
70 + 50 cm: **Lutra lutra** (vulgaris), Fiſchotter.
7′ Hirnkapsel nicht sehr viel breiter als hoch. Hinterhaupts-
loch so breit als hoch. Keine Schwimmhaut. Kopf, Hals
oder Bauch mit hellen Stellen. 8
8 Oberer Höckerzahn etwa 3 mal so groß als Reißzahn. Kopf
weiß mit breiten schwarzen Längsstreifen. Sch –13 cm.
66 + 18 cm: **Meles meles** (taxus), Dachs.
8′ Oberer Höckerzahn kleiner oder nicht viel größer als
Reißzahn. Kopf ohne weiße und schwarze Streifen 9

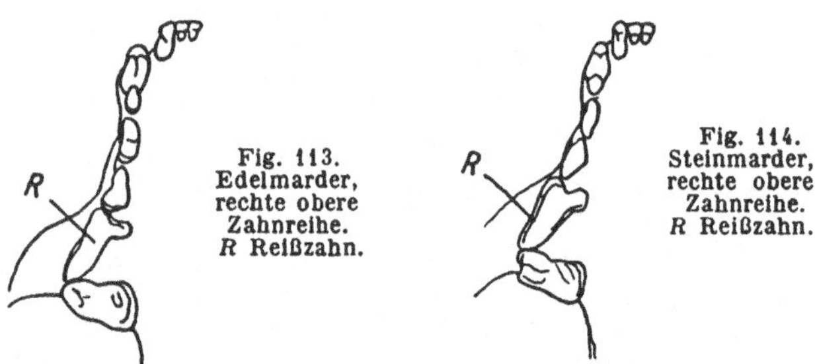

Fig. 113.
Edelmarder,
rechte obere
Zahnreihe.
R Reißzahn.

Fig. 114.
Steinmarder,
rechte obere
Zahnreihe.
R Reißzahn.

9 Oben 3, unten 4 Lückenzähne. Innere Hälfte des oberen
Höckerzahns länger als äußere. Schwanz sehr buschig,
von halber Körperlänge. Mit hellem Brustfleck:
Martes (Mustela) 10
10 Gelblichbraun mit rötlichem Wollhaar. Brustfleck gelblich. Oberer Höckerzahn außen nicht eingebuchtet, letzter
Lückenzahn außen eingebuchtet (Fig. 113). Sch –8 cm.
44 + 24 cm: **M. martes**, Edelmarder, Baummarder.
10′ Graubraun mit weißlichem Wollhaar. Brustfleck kreideweiß. Oberer Höckerzahn außen eingebuchtet, letzter
Lückenzahn außen nicht eingebuchtet (Fig. 114).
Sch –8 cm.
43 + 23 cm: **M. foina**, Steinmarder, Hausmarder.
9′ Oben 2, unten 3 Lückenzähne. Schwanz wenig oder
nicht buschig, kürzer als halber Körper:
Putorius (Mustela) 11

11 Innere Hälfte des oberen Höckerzahns viel länger als
äußere. Ganz braun mit weißen Lippen. Sch ca. 6,5 cm.
38 + 13 cm: **P. lutreola, Nörz, Sumpfotter** ... Norden,
vielleicht ganz ausgerottet.

11′ Innere Hälfte des oberen Höckerzahns wenig länger
als äußere. Dieser Zahn ist doppelt so breit als lang.
Bauch und Rücken verschieden gefärbt 12

12 Schädel nahe der Mitte eingeschnürt. Bauchseite schwarz.
Kopf vorn mit Weiß. Wollhaar gelblichweiß. Sch −7 cm.
40 + 16 cm: **P. putorius, Iltis, Ratz.**
    Das zur Kaninchenjagd benutzte „**Frettchen**" (**P. furo**)
    ist ein Albino einer Iltisart.

12′ Schädel in der Vorderhälfte eingeschnürt. Bauchseite
weiß 13

13 Schädel −5 cm lang. Schwanzspitze stets mit schwarzem
Haarbüschel. Oben braunrot. Winterkleid weiß.
29 + 10 cm: **P. ermineus, Hermelin, Großes Wiesel.**

13′ Schädel −3,5 cm. Schwanzspitze ohne dunklen Haarbüschel. Oben braunrot. Im Winter selten weiß.
21 + 6 cm: **P. nivalis (vulgaris), Mauswiesel.**

5′ Unten kein, oben 1 winziger Höckerzahn. Kopf kugelig. Oben 1−2, unten 2 Lückenzähne schlank (bei
Hyänen dick und plump). Mit hohen Beinen. Digitigrad:
    Felidae, **Katzen** 14

14 Hinter dem oberen Eckzahn ein sehr kleiner einwurzeliger Lückenzahn. Ohne Ohrpinsel. Schwanz lang:
    Felis, Katze, ♂ Kater 15

15 Schwanz kürzer, wie halber Körper, gleichmäßig dick,
abstehend behaart bis zum Ende, mit dunklen Ringen.
Sch −9 cm.
60 + 30 cm: **F. catus (silvestris), Wildkatze,** selten
geworden.

15′ Schwanz länger als halber Körper, dünner und gegen
das Ende verjüngt, anliegend behaart. Schädel −9 cm:
    F. domestica, Hauskatze.

14′ Hinter dem oberen Eckzahn kein kleiner einwurzeliger
Lückenzahn. Ohrpinsel vorhanden. Schwanz sehr kurz,
hinten schwarz. Klein gefleckt. Sch ca. 14 cm.
80 + 15 cm: **Lynx lynx, Luchs,** ausgerottet.

B. PINNIPEDIA, Robben.

Robben sind ausschließlich Meerestiere, die sich nur selten in Flüsse verirren. Die meisten Arten leben in den kalten Meeren des hohen Nordens und Südens. Gehen gern an Land.

1 Die 5 Backzähne oben und unten zeigen meist keine Nebenspitze neben der Hauptspitze. Grau, oben oft schwarz gefleckt.
–180 cm: **Halichoerus grypus,** Grauer Seehund.

1' Jeder der 5 Backzähne oben und unten meist mit Nebenspitzen vor und hinter der Hauptspitze: **Phoca** 2

2 Die meisten Backzähne nur mit 1 Nebenspitze hinter der Hauptspitze. Die inneren Nasenöffnungen hinter dem harten Gaumen sind bis zum hinteren Ende durch eine knöcherne Scheidewand vollständig getrennt. Jung grau mit schwärzlichen Flecken. Alte ♂ weiß mit großem schwärzlichem, hinten tief eingebuchtetem Sattelfleck auf dem Rücken.
–160 cm: **Ph. groenlandica,** Sattelrobbe.

2' Mehrere untere Backzähne mit 2 Nebenspitzen hinter der Hauptspitze. Innere Nasenöffnung hinten nicht durch eine knöcherne Scheidewand getrennt . . . 3

3 Vordere Backzähne stehen schräg im Kiefer. Oben schwärzlich, seitlich oft hell gefleckt.
–200 cm: **Ph. vitulina,** Gemeiner Seehund.

3' Alle Backzähne stehen in derselben Längsrichtung. Oben schwärzlich mit weißlichen Ringen.
–130 cm: **Ph. annellata** (hispida, foetida), Ringelrobbe.

6. Ordnung **Ungulata,** Huftiere.

Huftiere gibt es schon seit dem ältesten Eocän, dem Paleocän. Sie waren ursprünglich 5zehig und besaßen lange Wurzeln an den Backzähnen und Höcker auf deren Kaufläche. Schon im Eocän büßten sie meist die erste Zehe ein, bei vielen Gruppen verkümmerten auch die übrigen äußeren Zehen bis zu ihrem völligen Verlust.

Schon im Eocän finden sich Vertreter der 3 großen Huftiergruppen, die gegenwärtig noch in Deutschland leben,

der Unpaarhufer (PERISSODACTYLA) und der Paar-
hufer (ARTIODACTYLA) mit ihren beiden Zweigen, den
Warzenzähnern (BUNODONTIA) und den Halbmond-
zähnern (SELENODONTIA). Diese 3 Gruppen sind jetzt
noch auf allen Erdteilen mit Ausnahme von Australien
verbreitet.

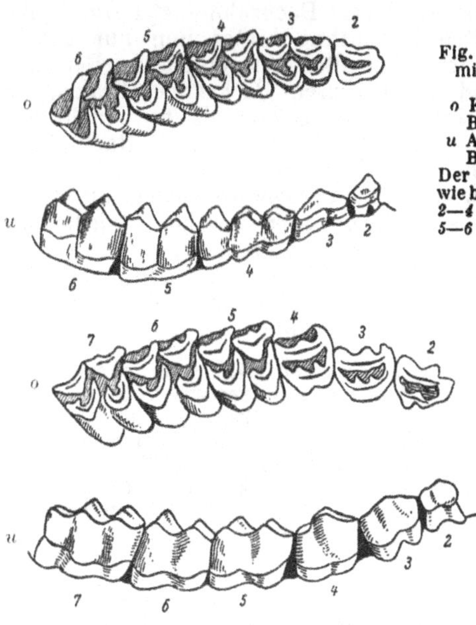

Fig. 115. Reh, einjährig,
mit Milchgebiß, rechte
Seite.
o Kaufläche der oberen
Backzähne.
u Außenseite der unteren
Backzähne.
Der erste Backzahn fehlt
wie bei allen Wiederkäuern.
2—4 Milchbackzähne
5—6 die 2 ersten bleibenden Molaren.

Fig. 116. Reh,
bleibendes Gebiß
der rechten Seite.
Bezeichnung wie
bei Fig. 115, aber:
2—4 die bleibenden
Prämolaren
5—7 die bleibenden
Molaren.

Die Perissodactyla, zu denen Tapir und Rhinozeros
gehören, sind bei uns nur durch die einzehigen Pferde vertreten, die sehr hohe säulenförmige Backzähne besitzen,
die erst im höheren Alter Wurzeln erhalten. Wildpferde
gab es bei uns noch im Mittelalter. Auch in Amerika waren
Pferde bis unmittelbar vor der Jetztzeit reich vertreten.

Der einzige Vertreter der Bunodontia, zu denen auch
das Nilpferd gehört, ist bei uns das Wildschwein, das noch
die volle Zahl von 44 Zähnen mit langen Wurzeln und mit
Höckern an den Backzähnen zeigt. Die mächtigen wurzellosen Eckzähne (Hauer) beim Eber sind gefährliche Waffen.

Alle übrigen Huftiere bei uns gehören zu den Wiederkäuern (Ruminantia oder Selenodontia), deren 3 hintere Backzähne je 4 halbmondförmige Leisten auf der Kaufläche zeigen (Fig. 115 u. 116, *5–7*). Im Milchgebiß hat auch der 3. und 4. obere Backzahn (Fig. 115*o*, *3–4*) diese Gestalt, während der 4. untere Milchbackzahn (Fig. 115*u*, *4*) aus 3 Abschnitten (wie der letzte Backzahn Fig. 116*u*, *7*) besteht, die nächsten Backzähne hinter ihm nur aus 2. Der 1. Backzahn fehlt bei allen Wiederkäuern. Bei allen Artiodactylen sind die vorderen Backzähne (Prämolaren Fig. 116, *3* u. *4*) viel einfacher gebaut als ihre Milchzähne (Fig. 115, *3* u. *4*), die mehr den 3 hinteren Backzähnen (Molaren) gleichen (Fig. 115 u. 116, *5–7*).

Bei unseren Wiederkäuern tragen wenigstens die Männchen ursprünglich stets Hörner oder Geweihe. Aber bei den Haustieren sind hornlose Rassen herangezüchtet worden und neuerdings so beliebt, daß sie bei Schafen und Ziegen meist die alten gehörnten Rassen völlig verdrängt haben. Auch bei Rindern ist das zu erwarten.

Für die Familie der *Cervidae*, der Hirſche, sind „Geweihe“ charakteristisch. Es sind das (meist) verzweigte Stangen aus Knochen, die auf einem Fortsatz der Stirnbeine (dem Rosenstock) sitzen und jedes Jahr abgeworfen und durch neue ersetzt werden. Sie sind dann zuerst mit behaarter Haut (Bast) bedeckt, die nach beendetem Wachstum eintrocknet und „geſegt“ wird, so daß dann das Geweih nur noch aus dem nackten Knochen besteht. Die Verzweigung der Geweihe entsteht durch aufeinanderfolgende Gabelungen der ursprünglich einfachen Stange, die das Geweih beim jungen Hirsch (Spießer, Spießhirſch) darstellt. Alle Gabelungen finden in einer etwas gebogenen Ebene statt, die in der Längsrichtung liegt, so daß bei jeder dieser Längsgabelungen 1 Vorder- und 1 Hintersproß entsteht, die sehr verschiedene Länge haben können. Mit zunehmendem Alter erhalten die jedes Jahr neugebildeten Stangen in der Regel immer mehr Enden, bis die für jede Hirschform charakteristische Höchstzahl von Enden erreicht ist, beim Reh z. B. je 3, beim Edelhirſch durchschnittlich je 7 Enden.

Beim Edelhirſch erfolgen zunächst 3 Längsgabelungen, so daß dann jede Stange 4 Enden hat (Achtender Fig. 117.), einen »Endsproß« und 3 Vordersprosse übereinander, die als »Augensproß, Mittelsproß und Ober- oder Wolfsproß« bezeichnet werden. Der Augensproß steht unmittelbar über der »Rose«, dem kranzartig verdickten Unterrand der Stange. Die nächsten Gabelungen treten beim Edelhirsch am

Augen-, Wolf- und Endsproß auf, und zwar sind es im Gegensatz zu allen anderen Hirscharten Quergabelungen, so daß dann jede Stange 7 Enden hat (Vierzehnender Fig. 118). Bei der Gabelung des Augensprosses entsteht der »Eissproß«, der aber fast regelmäßig selbständig über dem Augensproß direkt von der Stange ausgeht (wie auch öfter beim Wolfsproß). Gabelt der Wolf- oder Endsproß, dann spricht man von einer »Krone« (Kronenhirsch), deren 3 oder mehr oberhalb des Mittelsprosses liegende Enden nicht mehr in der gleichen Ebene liegen (Fig. 118).

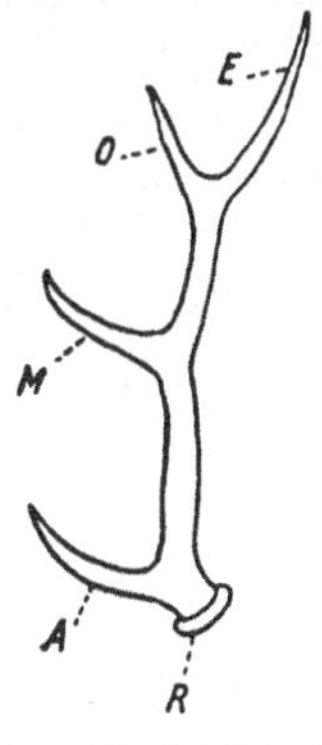

Fig. 117. Edelhirsch, Geweih eines Achtenders.
A Augensproß
E Endsproß
M Mittelsproß
O Ober- oder Wolfsproß
R Rose.

Fig. 118. Edelhirsch, Geweih eines Vierzehnenders. Bezeichnung wie bei Fig. 117, aber ein Eissproß (Ei), entstanden durch Gabelung des Augensprosses. Obersproß und Endsproß quer gegabelt, wodurch die „Krone" entsteht.

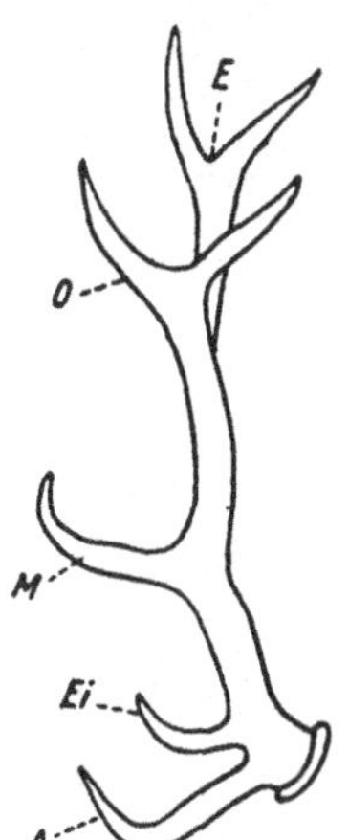

Wenn darüber hinaus noch weitere Gabelungen beim Edelhirsch auftreten, so geschieht das fast nur noch an den Enden der aus dem Wolf- und Endsproß hervorgegangenen »Krone«, aber in oft recht unregelmäßiger und unübersichtlicher Weise. Doch sind solche Fälle, die dann einen 16-Ender oder 18-Ender usw. ergeben, durchaus nicht sehr häufig. Die Reihenfolge der einzelnen Gabelungen, die Länge und Stärke der Sprosse, die Richtung der Gabelungen u. dgl. ist großen Schwankungen und Unregelmäßigkeiten unterworfen, und die Ansicht, daß beim Edelhirsch jedes Jahr ein weiterer Sproß an jeder Stange entsteht, entspricht nicht den Tatsachen. Infolge dieser großen Variabilität gibt es kaum 2 stärkere Edelhirschgeweihe, die sich völlig gleichen, selbst die beiden Stangen desselben Geweihes sind oft sehr verschieden. Doch zeigen Geweihe aus der gleichen Gegend gern eine gewisse Ähnlichkeit.

Die Zahl der Enden an einem Geweih wird von dem zünftigen Jäger nur durch eine **gerade Zahl** ausgedrückt. Zeigt eine Stange 6, die andere nur 5 (oder weniger) Enden, so spricht man von einem »ungeraden 12-Ender« (beileibe nicht von einem 11-Ender!). Beim älteren Hirsch nimmt weniger die Endenzahl, sondern die Stärke (Dicke) und das Gewicht des Geweihs von Jahr zu Jahr zu.

Beim Damhirſch und beim Elch werden die Geweihstangen nach den ersten Jahren platten- oder schaufelförmig, die einzelnen Sprosse sind ungenügend getrennt und oft undeutlich.

Die *Plesiometacarpalia*, die Hirsche der Alten Welt (in Afrika gibt es keine), zeichnen sich durch einen wohlentwickelten Augensproß nahe der »Rose« aus. Zu ihnen gehört aber auch der Wapiti von Nordamerika (unterscheidet sich vom Edelhirſch durch ungewöhnlich kräftigen »Wolfsproß« und besonders durch das Fehlen von Quergabelung, bildet daher auch keine Krone). Den *Telemetacarpalia*, den echten amerikanischen Hirschen dagegen fehlt der typische Augensproß. Die erste Gabelung tritt bei ihnen erst in ziemlicher Entfernung von der Rose auf. Zu ihnen gehört aber nicht nur der Elch, sondern auch unser Reh. Der Elch, der zirkumpolar den Norden der Alten wie der Neuen Welt bewohnt, war früher über ganz Deutschland verbreitet und lebt jetzt nur noch in Ostpreußen. Der Damhirſch dürfte aus dem Süden als Jagdtier bei uns eingeführt worden sein. Weiblichen Hirschen fehlt das Geweih (außer dem Rentier).

Hörner (im Gegensatz zu Geweihen) sind hohle Horngebilde, die einen knöchernen Fortsatz des Stirnbeins, den »Hornzapfen«, umgeben, der darin steckt wie der Säbel in der Scheide. Sie sind nie gegabelt oder verzweigt und werden nicht gewechselt. Solche Hörner kennzeichnen die Familie der *Bovidae* und kommen bei unseren Arten meist beiden Geschlechtern zu. Die bei uns lebenden Boviden besitzen hohle Hornzapfen, die mit sehr umfangreichen Stirnhöhlen (fehlen den Hirschen) innerhalb der Stirnbeine in Verbindung stehen.

Bovidae, die wie die Hirsche seit dem Miocän auftreten, sind höchst charakteristisch für die Alte Welt, wo sie besonders in Afrika als Antilopen eine ganz hervorragende Rolle spielen. Nur wenige Formen sind auch nach Nordamerika gelangt, in Südamerika aber fehlen sie ganz. Dagegen fehlen Hirsche in Afrika ganz, sind aber sonst über die ganze Alte und Neue Welt verbreitet.

In Deutschland lebten 2 Arten von der Unterfamilie der *Bovinae*, sind aber beide als Wilbrinber ausgerottet. Der Ur oder Auerochs ist die Stammform unseres Hausrinbes und kommt wild nicht mehr vor; der Wisent wurde nach dem Weltkrieg in Polen und dem Kaukasus und damit in Europa ausgerottet, der nordamerikanische Büffel stellt aber nur eine geographische Rasse der gleichen Art vor.

Die übrigen einheimischen Boviden, Gemsen, Ziegen, Steinböcke und Schafe, bilden eine natürliche Tiergruppe, die *Caprinae*. Sie sind sämtlich Gebirgstiere der Alten Welt, nur die Schneeziege und einige Wildschafe leben auch in den Gebirgen von Nordamerika. Ziegen und Schafe kennen wir bei uns nur als Haustiere, der Steinbock ist in den Alpen fast ausgerottet und lebt wild nur noch am Monte Rosa. Nur die Gemse hat sich in unseren Alpen noch erhalten.

Die Hirsche behielten die ursprünglichen Backzähne mit niederer Krone und langen Wurzeln, unsere einheimischen Boviden besitzen alle hohe, säulenförmige hintere Backzähne, die erst im Alter Wurzeln erhalten.

Die Paarungszeit (»Brunftzeit«) ist beim Reh Anfang August, bei Edelhirsch und Elentier September, bei Damhirsch und Gemsen November, beim Wildschwein (»Rauschzeit«) während des Winters. Die Jungen aller unserer Wiederkäuer (je 1–2 »Kitze« oder »Kälber«) kommen im Mai, spätestens Juni zur Welt, die der Wildschweine (4–6 »Frischlinge«) zwischen Februar und Mai. Die Jungen der Hirsche und Wildschweine sind gefleckt oder gestreift.

Das »Gehörn« des Rehbocks wird Ende Oktober abgeworfen, das »Geweih« des Edelhirschs Ende Februar, das des Damhirschs im Mai, bei jüngeren Hirschen später.

Arten der Huftiere:

1 Beine enden mit je 1 Huf: *Equidae*, Pferde.

   a) Nahe dem Hand- und Fußgelenk eine nackte, verhornte Stelle, die »Kastanien«. Ohren nicht sehr lang. Schwanz von der Wurzel an langhaarig:
      Equus caballus, Pferd.

   b) Nur am Handgelenk »Kastanien«. Ohren lang. Schwanz nur am Ende langhaarig:
      Equus asinus, Esel.

   c) Ein Bastard von Pferdestute und Eselhengst ist das Maultier.

1′ Beine enden mit je 2 oder 4 Hufen (Klauen, Schalen). 2
2 Mit kurzem Rüssel. Ohne Hörner. Mit wohlentwickelten,
　　nach außen und oben gekrümmten Eckzähnen, zwischen
　　ihnen oben und unten je 6 Schneidezähne:
　　　　Suidae, Schweine.
　a) Braun bis schwarz. Sch −35 cm.
　　　130+17 cm: **Sus scrofa,** Wildschwein, Schwarzwild,
　　　♂ Eber, Keiler, ♀ Bache, Stammform des Hausschweins.
2′ Kein Rüssel. Wenigstens bei ♂ Hörner oder Geweihe.
　　Obere Eckzähne fehlen oder sehr klein. Oben keine,
　　unten 8 Schneidezähne (der äußerste entspricht dem
　　Eckzahn): SELENODONTIA (Ruminantia), Wieder-
　　　käuer 3
3−6 Backzähne mit niederer, etwas verdickter Krone und
　　deutlich abgesetzten Wurzeln. Schmelz der Backzähne
　　meist mit Runzeln. Schädelbasis gerade. Schädel mit einer
　　Lücke vor den Augen. ♂ mit abwerfbarem knöchernem,
　　nicht hohlem und meist verästeltem Geweih. Ohne
　　Stirnhöhlen: *Cervidae*, Hirsche (♀ Hirschkuh) . . . 4
4 Tränengrube (vor dem Auge am Schädel) tief. Erste
　　Gabelung des Geweihs (Augensproß) dicht über der
　　Rose (kranzförmig verdickte Basis des Geweihs) . 5
5 Mit rudimentären oberen Eckzähnen (Grandeln.) Ge-
　　weih drehrund. Schwanz sehr kurz, kürzer als halbes
　　Ohr. Sch −40 cm.
　　−230 cm: **Cervus elaphus,** Edelhirsch, Rotwild,
　　(♀ heißt Tier, Stück Wildpret, junges ♀ Schmaltier).
5′ Keine Eckzähne. Geweih platt, wird schaufelförmig.
　　Schwanz wohlentwickelt, so lang wie Ohr. Sch −29 cm.
　　−150 cm: **Cervus dama,** Damhirsch, Damwild...
　　stammt aus dem Süden.
4′ Tränengrube klein oder flach. Erste Gabelung des Ge-
　　weihs entfernt von der Rose. Ohne Eckzähne. Ohne
　　Schwanz. 6
6 Klein. Geweih drehrund, mit höchstens 3 Enden. Rot-
　　braun, im Winter grau. Sch −21 cm.
　　−100 cm: **Capreolus capreolus,** Reh, ♂ Rehbock,
　　　　　♀ Ricke, Rehgeis.
6′ Sehr groß. Geweih platt, wird schaufelförmig. Sch −56 cm.
　　−290 cm: **Alces palmatus,** Elentier, Elch... nur noch
　　in Ostpreußen.

3' Backzähne mit hoher, säulenförmiger Krone, ohne oder mit kurzen Wurzeln. Schmelz glatt. Schädel ohne Lücke. Mit einfachen Hornscheiden auf hohlen knöchernen Stirnzapfen. Oben ohne Eckzähne. Umfangreiche Stirnhöhlen:

Bovidae (Cavicornia) Hohlhörner. . . **7**

7 Hintere obere Backzähne breit, mit fast quadratischer Kaufläche, zuletzt mit Wurzeln. Hörner und Hornzapfen drehrund, weit hinter dem Auge, liegen in der Stirnebene, senkrecht zur Längsachse. Nase nackt. Lippe nicht gefurcht. Schwanz lang, mit Endbüschel.

Bovinae, Rinder (♂ Stier, ♀ Kuh). . **8**

8 Stirn (hinter den Augenrändern) viel breiter als lang, stark gewölbt. Sch −40 cm.

−320 cm: **Bos bison, Wisent** . . . ausgerottet.

8' Stirn ungefähr ebenso lang als breit, flach:

Bos taurus, Hausrind (seine Stammform **B. primigenius, Ur, Auerochs** ist seit 1627 ausgerottet).

7' Hintere obere Backzähne schmal, rechteckig, stets ohne Wurzeln. Hörner stehen steil auf der Stirnebene, dicht hinter oder über dem Auge. Schädelbasis stark geknickt. Nase behaart. Lippe gefurcht. Schwanz meist sehr kurz:

Caprinae (♂ Bock, ♀ Geis) . . . Gebirgstiere **9**

9 Hornzapfen drehrund. Hörner (Krückeln) ebenso, am Ende hakenförmig. Ohne Tränengrube. Fast ohne Schwanz. Hell graubraun, im Winter schwarzbraun. Sch −20 cm.

−110 cm: **Rupicapra rupicapra, Gemse** . . . Alpen.

9' Hörner und Hornzapfen gleichmäßig gekrümmt, mit Längskanten **10**

10 Hörner spiralig und kreisförmig, an der Basis deprimiert, auf dem Querschnitt mit 3 stumpfen Kanten. Mit Tränengrube: **Ovis.**

a) Mit langem hängendem Schwanz. Meist hornlos:

O. aries, Hausschaf.

b) Schwanz kurz. Oben dunkelbraun, Seiten weißlich, unten weiß. ♀ hornlos. Sch −23 cm.

120+10 cm: **O. musimon, Mufflon, Muffelwild** . . . stammt von Korsika.

10′ Hörner bogenförmig, komprimiert (seitlich zusammengedrückt). ♀ mit Hörnern. Ohne Tränengrube. Ohne Schwanz: **Capra** **11**

11 Hörner und Hornzapfen vorn mit ziemlich scharfem Kiel. Meist hornlos. Mit Kinnbart:

      C. hircus, Hausziege.

11′ Hörner vorn breit mit queren Knoten, auf dem Querschnitt etwa viereckig. Hörner bis zum Ende gleichmäßig gekrümmt (beim sibirischen Steinbock ist das Ende stärker gekrümmt). Ohne Bart. Sch –26 cm.

–135 cm: **C. ibex, Alpensteinbock** ... Alpen, bei uns längst ausgerottet, wird wieder eingebürgert.

Register der Gattungsnamen und der Vulgärnamen.

Von zusammengesetzten Vulgärnamen ist meist nur der Gruppennamen angeführt, z. B. »Reiherente« siehe unter »Ente«.

Aal 29
Abramis 41
Acanthinula 14
Accentor 119
Accipiter 96
Acerina 42
Acicula 12, 16
Acipenser 28
Acme 12
Acrocephalus 118
Actitis 88
Adler 94
Aegithalus 115
Aegolius 100
Aitel 40
Aland 38
Alauda 110
Albeli 36
Alburnus 40
Alca 66
Alcedo 102
Alces 170
Alectoris 92
Alke 65
Alpenbohle 113
Alpenflühvogel 119
Alpenkrähe 113
Alpenmauerläufer 116
Alpensegler 103

Alpensteinbock 172
Alytes 49
Amalia 19
Amaul 42
Amiurus 29
Ammern 123
Ammocoetes 27
Amphipeplea 10
Amsel 121
Anas 76
Ancylus 9
Anguilla 29
Anguis 51
Anser 75
Anthus 110
Aplexa 10
Apodemus 158
Aquila 94
Archibuteo 94
Arctomys 155
Ardea 81
Ardeola 81
Ardetta 82
Arenaria 85
Arianta 15
Arion 19
Arvicola 158
Äsche 35
Asio 99
Aspis 53

Aspius 40
Aspro 42
Astur 96
Athene 100
Atzel 113
Auerhuhn 91
Auerochs 171
Austernfischer 85
Azeca 17

Bachamsel 108
Bache 170
Bachstelze 110
Balchen 35
Balea 17
Bär 161
Barbastella 150
Barbe 38
Barbus 38
Barsch 42
Bartgeier 93
Bartgrundel 37
Bartkauz 100
Baßtölpel 79
Baumläufer 116
Baumschläfer 155
Bekassine 86
Berghänfling 126
Bernicla 76
Bernsteinschnecke 16

Register der Vogeleier.

Printed and bound by CPI Group (UK) Ltd, Croydon, CR0 4YY

06/07/2026

02159982-0001